2016年11月30日，聯合國教科文組織保護非物質文化遺產政府間委員會經過評審，正式將中國申報的「二十四節氣——中國人通過觀察太陽周年運動而形成的時間知識體系及其實踐」列入聯合國教科文組織人類非物質文化遺產代表作名錄。二十四節氣的「申遺」成功，這影響中國幾千年農業文明的傳統文化再次成為熱議話題。為了讓年輕人更好地瞭解二十四節氣知識，特編寫了本書。本書圍繞不同季節、不同節氣的自然變化，分別介紹每個節氣的氣候變化、農事活動、傳統習俗、飲食養生等內容。

　　由於二十四節氣基本上是根據黃河流域的物候建立起來的，而且中國地域遼闊，南北跨緯度大，因此有時可能較難全面兼顧，還望廣大讀者體諒。

目 錄

二十四節氣的形成

二十四節氣是中華文明的傳統曆法中表示季節變遷的二十四個特定節令，它包含豐富的自然地理與歷史文化等方面的知識。瞭解二十四節氣對於我們認知自然、瞭解傳統有很大的幫助。

二十四節氣指二十四個「節」和「氣」，有立春、雨水、驚蟄、春分、清明、穀雨、立夏、小滿、芒種、夏至、小暑、大暑、立秋、處暑、白露、秋分、寒露、霜降、立冬、小雪、大雪、冬至、小寒、大寒。一年十二個月，每月一節一氣。

‖ 二十四節氣的來歷 ‖

中華文明最早使用的曆法是陰曆，它是根據月亮的陰晴圓缺來確定時間的，月亮繞著地球轉一圈為一個月。但是隨著農耕實踐的發展，人們發現純粹用陰曆曆法和月份容易使陰陽失調、冬夏倒置，與農業生產的節候配合不上。隨後採用的曆法雖然調和了陰陽，但是一年中的節氣仍然會相差一個月。

因此在戰國末年又創立了二十四節氣與陰曆配合使用。或許，二十四節氣當時在民間已經流行，只是在戰國末年將其規範化，後逐漸成為通用的曆法。二十四節氣的順序、名稱等其

後雖有變動，但歷朝歷代一直沿用。直到中國使用國際通用的西曆紀年後，二十四節氣才成了一種輔助性的曆法。

‖ 名稱由來 ‖

二十四個節氣的名稱，是隨著斗綱所指的地方並結合當時的自然氣候與景觀命名而來的。所謂斗綱，就是北斗七星中的魁、衡、杓三顆星。隨著天體的運行，斗綱指向不同的方向和位置，其所指的位置就是所代表的月份。如正月為寅、黃昏時杓指寅、半夜衡指寅、白天魁指寅；二月為卯、黃昏時杓指卯、半夜衡指卯、白天魁指卯，其餘的月份類推。早在東周春秋戰國時代，漢族勞動人民中就有了日南至、日北至的概念。隨後人們根據月初、月中的日月運行位置和天氣，及動植物生長等自然現象，利用之間的關係把一年平分為二十四等份，並且給每等份取了個專有名稱，這就是二十四節氣。

‖ 地理氣候來源 ‖

二十四節氣以黃河流域的物候為依據。二十四節氣是以中國北方黃河流域的氣候、物候為依據建立起來的，歷史上中華文明的主要政治、文化、經濟中心多集中在這些地區，為適應農業生產等的需要，當地的人們通過對太陽、月亮、天氣、物

候等的長期觀察，總結出一套適合該地區的「自然曆法」，指導生活和從事農業生產。

‖二十四節氣的劃分‖

二十四節氣是根據太陽在黃道（即地球繞太陽公轉的軌道）上的位置變化而制定的。太陽從春分點出發，每前進15度為一個節氣；運行一周又回到春分點，為一回歸年，合360度，一年就分成了24個相等時間段，每一段為一個節氣。太陽通過每一段的時間相差不多，因此每個節氣的時間也相差很少。二十四節氣在現行的西曆中日期基本固定，上半年在6日、21日，下半年在8日、23日，前後不過相差1至2天。為了方便記憶，古代勞動人民還用兩句口訣來表達這種情況：上半年來六、廿一，下半年來八、廿三。

‖二十四節氣與月份‖

在這二十四個節氣中，冬至、大寒、雨水、春分、穀雨、小滿、夏至、大暑、處暑、秋分、霜降、小雪通常用來確定月份。冬至所在月份為冬月；大寒所在月份為臘月；雨水所在月份為正月；春分所在月份為二月……小雪所在月份為十月，以此類推。

二十四節氣與農曆閏月的安排有著密切的關係。一年有二十四個節氣，計十二個節和十二個氣，即一個月之內有一節一氣。每兩節、氣相距天數平均約三十天又十分之四，而陰曆每個月的天數則為二十九天半，所以每過大概三十四個月，必然會遇到有兩個月僅有節而無氣或者僅有氣而無節。有節無氣的月份，農曆上稱為閏月；有氣無節的月份就不是閏月。節氣與農曆月份關係如表：

節	氣
立春——正月節	雨水——正月氣
驚蟄——二月節	春分——二月氣
清明——三月節	穀雨——三月氣
立夏——四月節	小滿——四月氣
芒種——五月節	夏至——五月氣
小暑——六月節	大暑——六月氣
立秋——七月節	處暑——七月氣
白露——八月節	秋分——八月氣
寒露——九月節	霜降——九月氣
立冬——十月節	小雪——十月氣
大雪——十一月節	冬至——十一月氣
小寒——十二月節	大寒——十二月氣

許多人以為二十四節氣是陰曆曆法，其實不然。農曆實際年長為12個或13個朔望月，與多年平均年長回歸年不一致，所以二十四節氣無法與陰曆日期相對應，反而與同屬太陽曆性質的西曆日期基本對應。二十四節氣正是作為陽曆來配合陰曆使用的，它是為了彌補純用陰曆的不足，因此可以看作是一種補充曆法。

二十四節氣的科學根據

地球繞太陽公轉一周所需要的時間，就是地球公轉週期，週期為一年。由於地球在自轉的同時也在公轉，因此太陽直射點會有不同，而這也形成了四季變化。

‖關於春分與秋分的晝夜‖

春分、秋分晝夜等長。春分這一天太陽直射點在赤道上，晝夜等長。《春秋繁露・陰陽出入上下篇》就說：「春分者，陰陽相半也，故晝夜均而寒暑平。」人們發現，在春分和秋分這兩個節氣到來時，白天和黑夜的時間是一樣長的。《月令

七十二候集解》在解釋春分、秋分兩個節氣時也說：「春分，二月中。分者，半也，此當九十日之半，故謂之分。秋同義。」

‖ 關於太陽直射 ‖

太陽直射在地球上的不同位置，地球公轉時太陽直射點在南北回歸線之間來回移動。太陽直射北回歸線時為夏至，此時北半球獲得的太陽熱量多，北半球為夏季；南半球獲得的熱量就少，南半球為冬季。太陽直射南回歸線時，北半球獲得的熱量少，北半球為冬季；南半球獲得的熱量就多，南半球為夏季；太陽直射赤道時，北半球就是春季或秋季。

‖ 關於地球公轉 ‖

地球公轉週期以春分點為參考，公轉的春分點週期就是回歸年，這種週期單位是以春分點為參考點得到的。在一個回歸年期間，從太陽中心上看，地球中心連續兩次過春分點；從地球中心上看，太陽中心連續兩次過春分點。從地心天球的角度來講，一個回歸年的長度就是，視太陽中心在黃道上連續兩次通過春分點的時間間隔。

‖ 二十四節氣氣溫與四季的形成 ‖

四季的交替，中國知之極早。二十四節氣以「四立」為劃分四季的起點，自立春至立夏為春季，自立夏至立秋為夏季，以此類推。這種清楚地劃分四季的方法相對來說是較科學的。竺可楨先生在他的《物候學》書中稱讚說：「四季之安排，法莫善於此者，此所以宋儒沈括讚揚之於先，而氣象學家泰斗英人肖納伯（Napier Shaw）且提倡歐美之採用此法也。」

‖ 光照與季節 ‖

季節更迭的根本原因是地球的自轉軸與其公轉軌道平面不垂直，偏離的角度是23度26分（黃赤交角）。在不同的季節，南北半球所受到的太陽光照不相等，日照更多的半球是夏季，另一半是冬季。春季和秋季則為過渡季節，當太陽直射點接近赤道時，兩個半球的日照情況相當，但是季節發展的趨勢還是相反——當南半球是秋季時，北半球是春季。

‖ 四季劃分 ‖

劃分四季因氣候而異。天文季節劃分法嚴格按照地球公轉位置來決定,而實際的季節不同地區因氣候而異。劃分四季的方法很多,以天文因素劃分法和氣候劃分法較常見。

天文因素劃分四季是乙太陽直射赤道(春分日、秋分日)和直射南回歸線(冬至日)、北回歸線(夏至日)的時刻為參考點劃分四季。中國傳統曆法以這四點作為春、夏、秋、冬四個季節的中點,以四立為劃分四季的起點,立春就是春季的起點,立夏是夏季的開始,等等。而西方則以二分二至為劃分四季的起點,春分是春季的起點,夏至是夏季的開始,以此類推。但是這兩種分法都不能真實地反映氣候情況,用這兩種方法,地球上似乎處處都可分四季,因此並不十分科學。

‖ 以溫度為依據的均溫劃分法 ‖

以氣候本身的標準——候溫(連續五日的平均氣溫,五天為一候)劃分:夏季——候平均氣溫在22℃以上的連續時期;冬季——候平均氣溫在10℃以下的連續時期;春季和秋季則是介於10至22℃之間的時期。這樣,各地四季的起止日期不盡相同,且地球上大部分地區沒有完整的四季。中國近代氣象

學家為了客觀、準確地劃分處於不同緯度和不同地形的各地的季節，發掘和利用中國的氣象資源，提出了以溫度為標準，並兼顧一些能反映季節來臨的動植物活動和生長規律來劃分季節的方法，即候均溫劃分法。由於10℃以上適合大部分農作物生長，一年中維持在10℃以上的時間的長短對農業生產的影響很大，所以這樣劃分季節，有很大的實際意義。

現今通用以天文季節與氣候季節相結合來劃分四季：即3月、4月、5月為春季，6月、7月、8月為夏季，9月、10月、11月為秋季，12月、1月、2月為冬季。

‖二十四節氣的形成與季風的關係‖

中國大部分地區為溫帶大陸性氣候，海陸溫差大。冬季陸地上溫度低，空氣密度大，氣壓高；而海洋上空氣密度小，氣壓低。夏季反之。空氣由氣壓高的地方吹向氣壓低的地方，於是風就形成了。冬季季風由大陸吹向海洋，夏季季風由海洋吹向大陸，這就是季風的形成。

瞭解了季風的形成，那麼二十四節氣又與季風有什麼關係呢？中國每年9月中上旬的白露節氣是季風交替的時節，這時，夏季風逐步被冬季風所代替，冷空氣勢力變強，往往帶來一定範圍的降溫幅度。此時廣東全省的溫度也開始呈南高北低走向，當地最多風向開始轉為偏北。這種現象說明夏季季風已逐漸南退，而冬季風已開始南侵。

　　除了中國，二十四節氣的影響範圍只限於同屬東亞季風氣候的臺灣、日本、朝鮮及韓國，並不適用於非季風氣候地區。

立春　杜甫

春日春盤細生菜，忽憶兩京梅發時。

盤出高門行白玉，菜傳纖手送青絲。

巫峽寒江那對眼，杜陵遠客不勝悲。

此身未知歸定處，呼兒覓紙一題詩。

這首詩是杜甫在寓居夔州時所做，離安史之亂結束不過數年。杜甫由眼前的春盤，回憶起往年太平「盛世」，兩京立春日的美好情景。但眼下的現實，卻是漂泊異鄉，萍蹤難定。面對巫峽大江，愁緒如東去的一江春水，滾滾而來。悲愁之餘，只好「呼兒覓紙」，寄滿腔悲憤於筆端了。

立春雪水化一丈，打得麥子無處放。

立春晴，一春晴；立春下，一春下。

立春東風回暖早，立春西風回暖遲。

臘月立春春水早，正月立春春水遲。

水淋春牛頭，農夫百日憂。

立春雨水到，早起晚睡覺。

立春晴一日，耕田不費力。

立春雨淋淋，陰陰濕濕到清明。

雷打立春節，驚蟄雨不歇。

打春下大雪，百日還大雨。

立春熱過勁，轉冷雪紛紛。

立春一日，水暖三分。

打春凍人不凍水。

立春北風雨水多。

立春寒，一春暖。

立春晴，雨水勻。

江南春　杜牧

千里鶯啼綠映紅，水村山郭酒旗風。

南朝四百八十寺，多少樓臺煙雨中。

這首《江南春》，千百年來素負盛譽，四句詩既
寫出了江南春景的豐富多彩，也寫出了它的廣
闊，其色彩鮮明，意味雋永。

雨水

春雨貴如油。

夜雨三日雨。（浙）

早雨天晴，晚雨難晴。（蘇、浙）

雨水有雨，一年多水。（湘）

雨水落了雨，陰陰沉沉到穀雨。（贛）

雨下黃昏頭，明天是個大日頭。（陝）

早雨不會大，只怕午後下。（湘）

早晨下雨當天晴，晚間下雨到天明。（蘇）

早雨晚晴，晚雨一天淋。（桂）

雨打五更頭，午時有日頭。（浙）

雨打雨水節，二月落不歇。（贛）

雨水落雨三大碗，大河小河都要滿。（湘）

雨打夜，落一夜。（浙）

雨水明，夏至晴。（湘）

觀田家　韋應物

微雨眾卉新，一雷驚蟄始。

田家幾日閒，耕種從此起。

丁壯俱在野，場圃亦就理。

歸來景常晏，飲犢西澗水。

飢劬不自苦，膏澤且為喜。

倉稟無宿儲，徭役猶未已。

方慚不耕者，祿食出閭裡。

韋應物，唐代山水田園詩派著名詩人。詩中通過對農民終歲辛勞而不得溫飽的具體描述，深刻揭示了當時賦稅徭役的繁重和社會制度的不合理。自驚蟄之日起，農民就沒有「幾日閒」，整天起早摸黑地忙碌於農活，結果卻家無隔夜糧，勞役沒個完。想起自己不從事耕種，但是俸祿來自鄉裡，心中深感慚愧。

驚蟄

驚蟄地化通，鋤麥莫放鬆。

驚蟄吹南風，秧苗遲下種。

驚蟄不耙地，好像蒸饃跑了氣。

驚蟄刮北風，從頭另過冬。

二月打雷麥成堆。

驚蟄至，雷聲起。

冷驚蟄，暖春分。

春雷響，萬物長。

驚蟄冷，冷半年。

春日田家　宋琬

野田黃雀自為群，山叟相過話舊聞。

夜半飯牛呼婦起，明朝種樹是春分。

宋琬，清初著名詩人。這首詩描寫了春日田家
的生活，具有濃鬱的農家氣息。田野有一群黃
雀覓食，村中一位老翁經過屋角田邊，會向人
談起過去的舊聞。到了晚上餵牛時會叫醒老
伴，商量明朝春分種樹的事情。一件不經意的
情景，老漢簡單的生活片段，儼然成了一幅淡
淡的山村風情畫，表達了作者對鄉村自在生活
的讚美之情。

春分

春分春分，晝夜平分。

春分不暖，秋分不涼。

春分不冷清明冷。

吃了春分飯，一天長一線。

春分刮大風，刮到四月中。

春分有雨到清明，清明下雨無路行。

春分前後怕春霜，一見春霜麥苗傷。

蘇堤清明即事　吳惟信

梨花風起正清明，遊子尋春半出城。

日暮笙歌收拾去，萬株楊柳屬流鶯。

吳惟信，字仲孚，南宋後期詩人。這首詩對大好春光和遊春樂境並未作具體渲染，只是用「梨花」、「笙歌」等稍作點染，借遊人的縱情、黃鶯的恣意，從側面措意，促人展開聯想。詩人敘節日情景，狀清明景色，不是直接繪描，而是就有情之人和無情之鶯的快樂，由側面實現自己的創作目的。

清明

雨打清明前，
春雨定頻繁。（魯）

雨打清明前，
窪地好種田。（黑）

清明後，穀雨前，
又種高粱又種棉。

棗芽發，種棉花。

清明霧濃，一日天晴。（豫）

清明宜晴，穀雨宜雨。（贛）

清明不怕晴，穀雨不怕雨。（黑）

麥怕清明霜，穀要秋來旱。（雲）

漁歌子　張志和

西塞山前白鷺飛，桃花流水鱖魚肥。

青箬笠，綠蓑衣，斜風細雨不須歸。

張志和，字子同，初名龜齡，號玄真子、煙波釣徒。這首詞描繪春天秀麗的水鄉風光，塑造了一位漁翁形象，讚美漁家生活情趣，抒發作者對大自然的熱愛。西塞山前白鷺自由翱翔，嬌豔的桃花隨著流水漂去，水中嬉戲的鱖魚又大又肥。江岸上一位老翁戴著青色箬笠，身披綠色蓑衣，坐在船上沐浴著斜風細雨，沉浸在垂釣的歡樂和美麗的春境之中，樂而忘歸。

穀雨

穀雨天，忙種煙。

過了穀雨種花生。

苞米下種穀雨天。

穀雨有雨棉花肥。

穀雨前後，種瓜點豆。

穀雨下秧，大致無妨。

穀雨麥挑旗，立夏麥頭齊。

穀雨種棉花，能長好疙瘩。

穀雨過三天，園裡看牡丹。

清明早，小滿遲，穀雨立夏正相宜。

清明麻，穀雨花，立夏栽稻點芝麻。

穀雨栽上紅薯秧，一棵能收一大筐。

清明高粱接種穀，穀雨棉花再種薯。

穀雨節到莫怠慢，抓緊栽種葦藕芡。

穀雨前後栽地瓜，最好不要過立夏。

棉花種在穀雨前，開得利索苗兒全。

立春

乍暖還寒時

京中正月七日立春

〔唐〕羅隱

一二三四五六七，萬木生芽是今日。

遠天歸雁拂雲飛，近水遊魚迸冰出。

　　當太陽到達黃經315度時為立春節氣，時間為每年的2月4日或2月5日。俗語說「春打六九頭」，指立春日在「六九」的第一天，因此「立春」又叫打春。明代王象晉編撰的《群芳譜》對立春解釋為：「立，始建也。春氣始而建立也。」、「建」就是「開始」的意思，意味著春天的氣息來臨。自秦代以來，中華文明就一直把立春作為孟春時節的開始。

氣候變化

立春時節，「陽和起蟄，品物皆春」。此時的陽光不像之前那樣清冷了，而逐漸變得溫暖，讓人覺得「春日烘烘」，俗語即有「立春一日，水熱三分」之說。

‖ 春天的前奏 ‖

立春並不意味著春天真正到來，春的氣息還不算濃厚。立春期間，氣溫、日照、降雨，開始趨於上升、增多。但這一切對全中國大多數地方來說僅僅是春天的前奏。

從現代氣候學標準看，以「立春」作為春季的開始，不能和當時全中國各地的自然物候現象吻合。常年來看，2月上旬，真正進入花紅柳綠的春季只有華南地區，華北大地卻仍是大雪紛飛。現在比較科學的劃分，是把候（5天為一候）平均氣溫在10℃以上的始日，作為春季開始。

‖ 氣溫仍寒 ‖

立春時節冷暖空氣交替頻頻出現，氣溫忽高忽低，氣壓變化也大，氣候仍以風寒為主，因為當陽氣和陰氣勢均力敵且進行交流的時候，便會出現風，尤其初春，更是多風。而在北方，冷空氣還是佔據著主導地位，甚至有的年份還會有強冷空氣向南侵襲，造成較大範圍的雨雪、大風和降溫天氣。

此時，東亞南支西風急流開始減弱，隆冬嚴寒天氣快要結束。但北支西風急流強度和位置基本沒有變化，蒙古冷高壓和阿留申低壓仍然比較強大，大風降溫仍是盛行的主要天氣。但在強冷空氣影響的間隙期，偏南風頻數增加，並伴有明顯的氣溫回升過程。因此這一時節的天氣總是乍暖還寒，忽冷忽熱，讓人摸不著頭腦，俗話說「早春孩兒面，一日兩三變」。

‖ 春雷、春雨 ‖

由於氣流影響，這一季節各地會普遍出現雷電現象，溫度在0℃以上時則會下起淅淅瀝瀝的小雨。古諺語中就有「立春一聲雷，一月不見天」、「立春雨淋淋，陰陰濕濕到清明」等。

農事活動

立春後氣溫回升，春耕大忙季節就要在大部分地區陸續開始了。農作物長勢加快，油菜和小麥生長需水量增加，應及時灌溉，中耕鬆土，追施返青肥，促進作物生長。

‖ 防寒、防凍、防蟲害 ‖

冬小麥除草也要適時而行，同時仍要做好防凍工作，預防寒潮低溫和雨雪天氣的不利影響，謹防「倒春寒」天氣對農作物造成危害，做好防凍保苗的工作。可採取放煙霧避凍、凍害發生後及早水肥齊攻等措施補救，將災害造成的損失降到最低程度。也要加強小麥銹病等病蟲害的監測與防治，預防春季病蟲害的發生與流行。

‖ 農耕 ‖

南方地區則要抓緊耕翻早稻秧田，做好選種、曬種，以及夏收作物的田間管理。春耕春種要全面展開，「立春雨水到，早起晚睡覺」，南方早稻將陸續播種，要密切關注天氣變化，及時下種。

傳統習俗

‖ 占春 ‖

古時立春日有占春的習俗。占春就是在立春這一天依照一定的事物占驗全年的天氣和收成。據說古時立春前幾日，縣令會帶著當地的知名人士在地上挖一個坑，然後把羽毛等重量較輕的東西放在坑裡，等到了某個時辰，坑裡的羽毛會飄上來，這個時刻就是立春時辰。當這個時刻到來時就開始放鞭炮慶祝，祈求此年風調雨順、五穀豐登。

‖ 迎春 ‖

立春之日迎春的習俗已有三千多年歷史。在周代，立春之日天子親率三公九卿、諸侯大夫去東郊迎春，並有祭祀太皞、青帝句芒的儀式，以祈求豐收。回來之後，要賞賜群臣，布德令以施惠兆民。立春之日祭祀二神表達了人們渴望美好春天的強烈願望，這種活動影響到民間，使之成為世世代代的全民迎春活動。

‖ 遊春、探春 ‖

立春節氣民間有遊春、探春的活動。此時，人們紛紛裝扮起來，組成長長的隊伍遊行。隊伍先是報春人打扮成公雞的樣子走在最前面，之後一群人抬著巨大春牛形象，有的人打扮成牧童牽牛，而打扮成大頭娃娃送春桃、打扮成燕子的應有盡有。這次遊春之後就是可以開始踏青的信號，一直到端午之間都是遊春的好時候。

‖ 送春牛帖 ‖

古時立春日還有送春牛帖、送春牛圖的習俗。古時縣裡立春前一日要派報春的人送春牛帖子和立春帖子：由兩名藝人頂冠飾帶，稱春吏。沿街高喊「春來了」，俗稱「報春」。春吏站在田間敲鑼打鼓，唱著迎春的讚詞，

到每家去報春，挨家挨戶送上一張春牛圖或迎春帖子。在這紅紙印的春牛圖上，印有一年二十四個節氣和人牽著牛耕地，人們稱其為「春帖子」。此日，無論士、農、工、商，見到春吏都要作揖禮謁。

‖ 吊春穗 ‖

吊春穗流傳在陝西澄城一帶。每年立春日，當地婦女用各色布編成布穗，或用彩色線纏成各種形態的「麥穗」，然後吊在小孩或青年人的身上，也可掛在牲口如驢、馬、牛的身上，藉以祝福來年風調雨順，五穀豐收。

‖ 躲春、禁戊 ‖

立春日不僅要迎太歲，而且還不能沖犯歲君。《寧鄉縣誌》載：「立春……多按時刻燃香燭，奉迎太歲。間有聽星士言年命沖犯歲君，或行運沖犯者，是日杜門不出，謂之『躲春』。」

此外還有「禁戊」之俗，立春以後的一連五個戊日都不能動土。《寧鄉縣誌》載：「自後逢戊日，家家輟土鋤不動土，謂之『禁戊』，五戊皆然。或謂戊為陽，土其數為五，木主事則土休囚，故於春首禁五戊以培之，亦通。」

「躲春」和「禁戊」的禁忌與民間的太歲信仰和擇日習俗有關，但是也說明人們對於春神和春陽的重視。

‖ 鞭春牛 ‖

古時立春日都要舉行鞭春之禮，引春牛而擊之曰「打春」，意在鼓勵農耕，發展生產。楊萬里《觀小兒戲打春牛》詩寫道：「小兒著鞭鞭土牛，學翁打春先打頭。……兒聞年登喜不饑，牛聞年登愁不肥。麥穗即看雲作帶，稻米亦複珠盈鬥。大田耕盡卻耕山，黃牛從此何時閑？」在幽默詼諧的筆調中勸課農桑。

民間立春日要把春天和句芒神接回來，並設春官，然後由郡縣太守等象徵性耕種，鞭打春牛，代表民間可以進行耕種了。這些習俗意在催促人們，一年之計在於春，要抓緊務農，莫誤大好春光。

‖ 吃春餅 ‖

春餅是立春時節的一大美食。《北平風俗類征‧歲時》載：「是月如遇立春……富家食春餅，備醬熏及爐燒鹽醃各肉，並各色炒菜，如菠菜、韭菜、豆芽菜、乾粉、雞蛋等，且以麵粉烙薄餅卷而食之，故又名薄餅。」如今中國南北方都有吃春餅的食俗，但也有所區別。

南方地區通常將麵粉搓揉成麵皮，包入餡心做成團狀的薄餅，用油兩面煎至金黃。北方吃法則比較講究，將麵糰擀成圓形的非常薄的麵皮，然後放入平底鍋內攤熟，成薄圓片備用。另用豆芽菜、胡蘿蔔絲、乾粉絲、火腿絲、韭菜芽、雞蛋絲、肉絲等和在一起炒熟（所有的餡心原料均要切成絲狀，並且不得少於7種），然後將炒好的餡心放入麵皮中捲而食之，另備一鍋湯作輔食。

也可以把各種果品、糖果、豆芽、蘿蔔、韭菜、菠菜、生菜、豆子、雞蛋、馬鈴薯絲等擺在盤子裡拼成「春盤」，好吃又好看。

‖ 祭春神 ‖

民間立春要祭祀春神。相傳太皞，即伏羲氏，是司春之神；句芒是木神，他的形象是人面鳥身，主管樹木的發芽生長。在江南一些地區，每家每戶都於立春日在門口放一張桌子，桌上貼著寫有「迎春接福」四個字的紅紙，桌子中間放一個飯甌，飯盛得極滿，以「飯飯年」表示「春神萬萬年」。

在飯甌的左右兩邊各放些新鮮青菜和豆腐，豆腐上插有梅花、松柏和竹枝，象徵潔淨、長青和富足，也有的在大碗中栽白菜和插小旗。等立春時刻一到，鳴放爆竹，行禮祭拜，然後把青菜移栽到菜地或者大花盆中，以示春到。

飲食養生

立春後人體內陽氣開始生發，新陳代謝增強，如能在春季大自然「發陳」之時，藉陽氣上升、人體新陳代謝旺盛之機，採用科學的養生方法，對全年的健身防病都是十分有利的，甚至可以取得事半功倍的效果。

‖ 立春護肝 ‖

立春時節在養生上主要是護肝。春屬木，與肝相應。木的物性是生發，肝臟也具有這樣的特性。在生理特點上，肝主疏泄，性喜條達而惡抑鬱。春季肝陽亢盛，人的情緒易急躁。

心情抑鬱會導致肝氣鬱滯，影響肝氣的疏泄，容易引起神經內分泌系統功能紊亂，免疫力下降，進而引發精神病、肝病、心腦血管疾病等，所以除了進食護肝養肝的食物外，還要注意保持心胸開闊，心境愉悅，避免情緒波動。

‖ 宜食辛甘，不宜食酸 ‖

飲食方面要考慮春季陽氣初生，宜食辛甘發散之品，不宜食酸收之味。因為在五臟與五味的關係中，酸味入肝，具收斂之性，不利於陽氣的生發和肝氣的疏泄，因此這一時節要忌食酸收之味，適當多吃補肝養肝的食物，如動物肝臟、鴨血、烏梅、豆製品、雞蛋等，靈活地進行配方選膳。

‖ 宜食生發食物 ‖

飲食調養應從進食清爽綠色蔬菜、提升陽氣出發，進而達到調養身體的目的。可適當多吃辛甘的蔬菜，如大蔥、香菜、韭菜、芹菜、豌豆等，胡蘿蔔、菜花、白菜及青椒等新鮮蔬菜，也有提升陽氣之效。

蘿蔔和芽菜是春季常見的生發性食物。芽菜在古代被稱為「種生」，常見的有豆芽、香椿芽、薑芽等。如果人體的陽氣發散不出來，可適當吃些這樣的食物來幫助發散。

∥宜清淡，勿乾辣∥

立春時，飲食要清淡，不要過度食用乾燥、辛辣的食物。同時，因為陽氣上升容易傷陰，所以要特別注重養陰，可以多選用百合、山藥、蓮子、枸杞子等食物。

立春時節正臨近新春佳節，人們的膳食結構多以高脂肪和高蛋白為主，這對大腦和心臟的保健都是有害的。所以此時要合理地調節飲食結構，應以蔬菜、水果、豆製品等食品為主。

特殊的立春日

∥撞春∥

在民間，如果立春和一些特殊的日子重合，則被賦予特殊的寓意。例如江蘇《黃埤志》載：「元旦立春最佳。」《饒陽縣誌》載：「元旦立春，人民安，蠶麥十倍。」古資料載：「百年難遇歲朝春。」意思就是說正月初一能與立春日撞在一天是百年難遇的，所以是吉祥的象徵。

∥無春年∥

年年有春天，但並不是每年都有立春這一日。「無春年」是指農曆全年都沒有立春的年份，如2005年的雞年、2008年的鼠年、2010年的虎年、2013年的蛇年都沒有立春這一日。沒有立春是正常的曆法現象，其實是完全和凶吉無關的。

古時人們又把無春年叫作「寡婦年」，被視為有凶煞。民間盛傳寡婦年無春「不宜結婚」，這是沒有科學依據的。

之所以會出現「無春年」，這是因為農曆年長度有的年份短於回歸年、有的年份長於回歸年。回歸年的長度為365.2422天，這就是相鄰兩個立春節氣之間的時間間隔。西曆年平均長度是365.2425天，與回歸年相差無幾。而

農曆年情況就不一樣了，農曆無閏月的年份為353至355天，比回歸年少11天左右；有閏月的年份為383至385天，比回歸年多19天左右。農曆有閏月的年份（每19年中有7年），因年長長於回歸年，故年初年末都有立春日，即「兩頭春」；無閏月的年份（每19年中有12年），因年長短於回歸年，「無春年」最多，剩下的立春日在年初和在年末的大約各占一半。

這種規律以19年為週期，循環往復，個別年份稍有出入。於是立春在農曆年中的位置呈現4種情況：年初、年末、年初年末兩頭春、全年無立春日。

‖ 雙立春 ‖

雙立春指一年有兩個立春日。如果年前立春，也就是說，一年兩個立春，那麼也主吉利。吉林《磐石縣鄉土志》載：「一年打兩春，黃土變成金。」認為一年兩春，預示農業豐收。在河北則認為牲畜會漲價，河北《昌黎縣誌》載：「春見春，四蹄貴如金。」並解釋說：「凡一年節氣有二立春，六畜多昂貴。」

河南也有類似的傳統，河南《淮陽鄉村風土記》載：「一年打兩春，黃牛貴似金。」浙江有的地方認為一年兩春主冬春氣候溫暖，《雲和縣誌》載：「兩春夾一冬，無被暖烘烘。」

在這些民間傳統中，都視春為吉祥，春為溫暖。而在中國古老的象徵系統中，春為陽，而陽主生，主暖。

雨水

好雨知時節

春夜喜雨

〔唐〕杜甫

好雨知時節，當春乃發生。
隨風潛入夜，潤物細無聲。
野徑雲俱黑，江船火獨明。
曉看紅濕處，花重錦官城。

　　當太陽到達黃經330度時為雨水節氣，交節時間在2月18日至2月20日，大致在每年農曆正月十五前後。雨水節氣是降雨開始、雨量漸增的意思。元代吳澄《月令七十二候集解》解釋說：「正月中，天一生水。春始屬木，然生木者必水也，故立春後繼之雨水。且東風既解凍，則散而為雨矣。」意思是說，雨水節氣，大地解凍，氣溫升高，降水開始以雨的形式出現。

氣候變化

雨水節氣意味著進入氣象意義的春天。「雨水」過後，中國大部分地區氣溫回升到0℃以上，黃淮平原日平均氣溫已達3℃左右，江南平均氣溫在5℃上下，華南氣溫在10℃以上，而華北地區平均氣溫仍在0℃以下。中國西北、東北地區還沒有擺脫冬季的寒冷，天氣仍以寒為主，降水也以雪為主。

▏雪漸少，雨漸多▕

雨水節氣天氣的主要特徵，一是氣溫回暖，開始降雨，雨量也逐漸增多；二是在降水形式上，雪漸少，雨漸多。

全中國大部分地區的氣候特點，總的趨勢是由冬末的寒冷向初春的溫暖過渡。在二十四節氣的起源地黃河流域，雨水之前天氣寒冷，但見雪花紛飛，難聞雨聲淅瀝；雨水之後氣溫一般可升至0℃以上，這時冷暖空氣的交鋒，帶來的已經不是氣溫驟降、雪花飛舞，而是春風春雨的降臨。

▏溫差不定▕

雨水節氣期間，大氣環流處於調整階段，天氣變化多端，乍暖還寒。全中國大部分地區氣溫回升，可是如遇強寒潮侵襲，一夜之間氣溫可下降10℃，甚至降到0℃以下，飄起鵝毛大雪。這種氣象變化，人們稱之為「倒春寒」。這一節氣也是全年寒潮出現最多的節氣之一。

農事活動

▏灌溉▕

雨水前後，油菜、冬麥普遍返青生長，對水分的要求較高。而華北、西北以及黃淮地區這時降水量一般較少，常不能滿足農業生產的需要。俗語說「春雨貴如油」，這時適宜的降水對作物的生長特別重要。

一些乾旱地區，主要通過春季蓄水，來保一季的農作物收成。此時華南地區雨量雖比黃河中下游地區多出好幾倍，但這裡氣溫高、蒸發量大，還是缺水。尤其是華南南部和海南島的局部地區，這一時期的雨量仍比較少，往往會出現春旱。若早春少雨，雨水前後及時春灌，可保收成。

淮河以南地區，以加強中耕鋤地為主，同時做好田間清溝瀝水，以防春雨過多，導致濕害爛根，故廣東有農諺說「春雨貴如油，下得多了卻發愁」。

‖ 農耕 ‖

雨水節氣，雨量漸漸增多，有利於越冬作物返青或生長，抓緊越冬作物田間管理，做好選種、春耕、施肥等春耕春播準備工作。

民間認為雨水這一天的雨，是豐收的預兆，因此該日忌無雨。農諺說：「雨水有雨莊稼好，大春小春一片寶。」「立春天漸暖，雨水送肥忙。」

傳統習俗

‖ 拉保保 ‖

在川西這片土地上，雨水這天有一項特別有趣的活動叫「拉保保」。「保保」是四川方言，就是乾爹的意思。舊時人們有為自己兒女求神問卦的風俗，看看自己兒女命相如何，需不需要找個乾爹。找乾爹的目的，則是借助乾爹的福氣來蔭庇孩子，讓兒子或女兒健康地長大成人。而在雨水節氣拉乾爹，取「雨露滋潤易生長」之意，此舉一年復一年，久而成為一方之俗。

乾爹也不是隨便拜的，父母要按照孩子的生辰、時間，以及金、木、水、火、土之理，找算命先生算算命上相合相剋，如果相合就拜為乾爹，不合適就要重新找。假如算命認為孩子命上缺木，拜乾爹讓乾爹取名字時就要帶木字，相信這樣才能保佑孩子長命百歲。

當地民間這天有個特定的拉乾爹的場所。這天不管天晴天雨，要拉乾爹

的父母手提裝好酒菜香蠟紙錢的箟箟，帶著孩子在人群中穿來穿去找作為准乾爹的對象。

如果希望孩子長大有知識，就拉一個知書識禮有文墨的人做乾爹，如果孩子身體瘦弱，就拉一個身材高大強壯的人做乾爹。一旦有人被拉著當「乾爹」，有的能掙掉就跑了，有的扯也扯不脫身，大多都會爽快地答應，也就認為這是別人信任自己，因而自己的命運也會好起來的。

拉到後拉者連聲叫「打個乾親家」，就擺好帶來的下酒菜、焚香點蠟，叫孩子「快拜乾爹，叩頭」、「請乾爹喝酒吃菜」、「請乾親家給娃娃取個名字」，拉保保就算成功了。分手後也有常年走動的稱為「常年乾親家」，也有分手後就沒有來往的叫「過路乾親家」。這是有選擇時間、地點的拉乾爹，也有不選擇時間、地點的，就稱為「上門拜乾爹」。

現今的一些地方仍然還保留著這一風俗，也有的地方演化為向自己的親戚朋友拜乾爹的，但拜寄之意都是保佑孩子健康成長。

‖ 撞拜寄 ‖

「撞拜寄」也是川西民間雨水節的重要習俗，與「拉保保」風俗類似。雨水這天，早晨天剛亮，霧濛濛的大路邊就有一些年輕婦女，手牽幼小的兒子或女兒，在等待第一個從面前經過的行人。而一旦有人經過，也不管是男是女、是老是少，攔住對方，就把兒子或女兒按捺在地，磕頭拜寄，給對方做乾兒子或乾女兒。「撞拜寄」事先沒有預定的目標，撞著誰就是誰。「撞拜寄」的目的也是為了讓兒女順利、健康地成長。

‖ 送節 ‖

到了雨水這天，川西地區出嫁的女兒紛紛帶上禮物回娘家拜望父母。生育了孩子的婦女，須帶上罐罐肉、椅子等禮物。椅子一般是兩把籐椅，上面纏著一丈二尺長的紅帶，稱為「接壽」，寓意父母長命百歲。罐罐肉則是用砂鍋燉豬蹄、黃豆、海帶之類，再用紅紙、紅繩封了罐口，代表對辛辛苦苦

將自己養育成人的父母表示感謝和敬意。

婚後很久不懷孕的婦女，則由母親為其縫製一條紅褲子，穿在貼身處，據說這樣可以儘快懷孕。同時，女婿也要去給岳父岳母送節，如果是新婚女婿送節，岳父岳母還要回贈雨傘，讓女婿出門奔波，能遮風擋雨，也有祝願女婿人生旅途順利平安的意思。

‖ 占稻色 ‖

雨水節「占稻色」習俗流行於華南稻作地區，就是通過爆炒糯穀米花來占卜這年稻穀的成色。成色足則意味著高產，成色不足則意味著產量低。成色的好壞，就看爆出的糯米花多少。爆出來白花花的糯米越多，則這年稻穀收成越好；而爆出來的米花越少，則意味著這年稻穀收成不好，米價將貴。

這項活動淵源很深，元代的婁元禮就在《田家五行》中記載了當時華南稻作地區「占稻色」的習俗：「爆孛婁。燒乾鑊，以糯穀爆之，謂之孛婁花，占稻色。自早禾至晚稻皆爆一握，各以器列，比並分數，斷高下。」當地爆米花的「花」與「發」語音相同，有發財的預兆。有些地方的客家人還用爆米花供奉天官與土地社官，以祈求天地和美，風調雨順，家家戶戶五穀豐登。

飲食養生

雨水節氣應禁食狗肉、羊肉等溫熱性燥之品，少食生蔥蒜，飲食要注意清淡，忌食油膩、生冷及刺激性食物，以防傷及脾胃。

‖ 保護脾胃 ‖

中醫認為肝主生發，春季肝氣旺盛，肝木易剋脾土，故春季養生不當容易損傷脾臟，從而導致脾胃功能的下降。在雨水節氣之後，隨著降雨有所增多，寒濕之邪最易困著脾臟。同時濕邪留戀，難以去除，故雨水前後應當著

重養護脾臟。

　　春季養脾的重點首先在於調暢肝臟，保持肝氣調和順暢，在飲食上要保持均衡，食物中的蛋白質、碳水化合物、脂肪、維生素、礦物質等要保持相應的比例。

‖ 宜吃甜，少吃酸 ‖

　　五行中肝屬木、味為酸、脾屬土、味為甘，木勝土。唐代孫思邈在《千金方》中說：「春七十二日，省酸增甘，以養脾氣。」所以，雨水時節的飲食應少吃酸味，多吃甜味，以養脾臟之氣。可選擇韭菜、香椿、百合、豌豆苗、茼蒿、薺菜、春筍、山藥、蓮藕、芋頭、蘿蔔、荸薺、甘蔗等。

‖ 少油膩 ‖

　　由於春季為萬物生發之始，陽氣發越之季，應少食油膩之物，以免助陽外泄，否則肝木生發太過，則剋傷脾土。雨水時節氣候轉暖，然而又風多物燥，常會出現皮膚乾燥、口舌乾燥、嘴唇乾裂等現象，故應多吃新鮮蔬菜、多汁水果以補充人體水分。

‖ 食粥 ‖

　　孫思邈在《千金月令》中提到「正月宜食粥」，這是因為粥是易消化的食物，配合一些藥物而成的藥粥，對身體很有滋補作用，並且雨水時節肝旺脾胃虛弱，宜採用食粥的方法滋補脾胃。粥以米為主，以水為輔，具有補脾潤胃、祛除濁氣等功效。藥粥具有湯劑、流質、半流質的特點，不僅香甜可口，便於吸收，而且可養胃氣、助肝陽、治療慢性病。它與丸散膏丹比較起來，可長期服用，無副作用，又可根據需要加減藥物。推薦兩種適合此節氣食用的粥品。

　　枸杞子粥：適量枸杞子與粳米同煮成粥，早晚適量食用。枸杞子性味甘平，是一種滋補肝腎的藥食兩用之品。春季選食枸杞子粥，可以補肝腎不

足，治虛勞陽痿，還可以降低血糖和膽固醇，保護肝臟，促進肝細胞新生。

紅棗粥：取紅棗、粳米同煮為粥，早、晚溫熱服食。紅棗具有良好的補益作用，對兒童的生長發育有很大益處。特別是其性平和，能養血安神，久病體虛、脾胃功能虛弱者經常服用此粥對身體大有好處。

‖ 吃補品 ‖

由於此時天氣依然寒冷，並且按照中國的陰陽八卦理論此節氣屬陰，陰具有收斂的性質，所以在這個特定的季節裡，還是可以適當進補的，只不過要輕補，如蜂蜜、大棗、山藥、銀耳、沙參等都是很適合這一節氣的補品。諺語說：「一日吃三棗，終生不顯老。」大棗亦是此時的最好補品，因此物性平味甘，含有大量的蛋白質、糖類、有機酸、黏液質等，是補脾和胃的佳品。老年人、孩童及脾胃素弱的人，春季宜經常服用大棗羹、焦棗茶，可達到健脾生津、補中益氣的效用。

驚蟄

春雷乍響，蟄蟲驚而出走

聞　雷

〔唐〕白居易

瘴地風霜早，溫天氣候催。

窮冬不見雪，正月已聞雷。

震蟄蟲蛇出，驚枯草木開。

空餘客方寸，依舊似寒灰。

　　驚蟄，古稱「啟蟄」，標誌著仲春時節的開始，此時太陽到達黃經345度，交節時間在3月5日或6日。《夏小正》上說：「正月啟蟄，言發蟄也。萬物出乎震，震為雷，故曰驚蟄。是蟄蟲驚而出走矣。」此前，動物入冬藏伏土中，不飲不食，稱為「蟄」；到了「驚蟄節」，古人認為是天上的春雷驚醒蟄居的動物，稱為「驚」。故驚蟄時，蟄蟲驚醒，天氣轉暖，漸有春雷。

氣候變化

‖ 氣溫上升快 ‖

「春雷響，萬物長」，驚蟄時節正是大好的「九九」豔陽天，氣溫回升，雨水增多。除東北、西北地方外，中國大部分地區平均氣溫已升到0℃以上，華北地區日平均氣溫為3至6℃，沿江、江南為8℃以上，而西南和華南已達10至15℃，早已是一派融融春光了。中國大部分地區驚蟄節氣平均氣溫較雨水節氣可升高3℃以上，是全年氣溫回升最快的節氣，日照時數也有比較明顯的增加。但是因為冷暖空氣交替，天氣不穩定，氣溫波動甚大。

‖ 春雷 ‖

現代氣象科學表明，驚蟄前後之所以偶有雷聲，是大地濕度漸高而促使近地面熱氣上升或北上的濕熱空氣勢力較強與活動頻繁所致。

從各地自然物候進程看，由於中國南北跨度大，春雷始鳴的時間遲早不一。長江流域大部地區已漸有春雷，南方大部分地區亦可聞春雷初鳴。就多年平均而言，雲南南部在1月底前後即可聞雷，而北京的初雷日卻在4月下旬。「驚蟄始雷」的說法僅與沿長江流域的氣候規律相吻合。

此時氣溫回升較快，真正使冬眠動物甦醒出土的，並不是隆隆的雷聲，而是氣溫回升到一定程度時地中的溫度。有諺語云：「驚蟄過，暖和和，蛤蟆老角唱山歌。」此時雷鳴最引人注意，如「未過驚蟄先打雷，四十九天雲不開」。

農事活動

「到了驚蟄節，鋤頭不停歇。」農民自古視它為春耕的重要日子。唐詩云：「微雨眾卉新，一雷驚蟄始。田家幾日閑，耕種從此起。」農諺也說：

「過了驚蟄節，春耕不能歇」、「九盡楊花開，農活一齊來」等。此時大部地區進入春耕大忙季節。

華南東南部長江河谷地區，多數年份驚蟄期間氣溫穩定在12℃以上，有利於水稻和玉米播種；其餘地區則常有連續3天以上日平均氣溫在12℃以下的低溫天氣出現，不可盲目早播。

‖ 春播 ‖

3月中旬以後，要做好春季作物和蔬菜的定植與準備工作。早稻播種要結合當地常年播期，在冷空氣來臨時浸種催芽，抓「冷尾暖頭」搶晴播種。播後加強田間管理，在冷空氣來臨前，及時蓋好薄膜或灌水，遇晴熱天氣要及時揭膜通風，提高秧苗成活率，避免爛種爛秧。

春玉米一般在驚蟄至清明播種比較適宜，播種前應進行曬種，可提高種子的發芽勢和發芽率，並結合浸種催芽。

3月份是春大豆最佳播種期。當日平均氣溫達到10℃以上時就可播種春大豆。過早播種發芽慢，易感染病害，出苗不齊；過遲播種則生育期縮短，產量降低。

南瓜、菜瓜、早毛豆、菜豆、豇豆等春播蔬菜，可分別在3月份內播種育苗；3月底結束菠菜、草頭菜的播種；薺菜、香菜可繼續播種。分株繁殖的韭菜，下旬可開始定植。

‖ 防旱施肥 ‖

驚蟄時，華北冬小麥返青生長，土壤仍凍融交替，及時耙地是減少水分蒸發的重要措施。「驚蟄不耙地，好比蒸饃走了氣」，這是當地人民防旱保墒的寶貴經驗。

沿江江南小麥已經拔節，油菜也開始見花，對水、肥的要求均很高，應適時追肥，乾旱少雨的地方應適當澆水灌溉。南方雨水一般可滿足菜、麥及綠肥作物春季生長的需要，防止濕害則是最重要的。俗話說：「麥溝理三

交，賽如大糞澆。」「要得菜籽收，就要勤理溝。」必須繼續做好清溝瀝水工作。

隨著氣溫回升，茶樹也漸漸開始萌芽，應進行修剪，並及時追施「催芽肥」，促其多分枝、多發葉，提高茶葉產量。桃、梨、蘋果等果樹要施好花前肥。

傳統習俗

‖ 吃梨 ‖

在民間素有「驚蟄吃梨」的習俗。「驚蟄吃梨」源於何時，無跡可尋，但山西祁縣民間有這樣一則代代相傳的故事。

傳說聞名海內的晉商渠家，先祖渠濟是上黨長子縣人，明代洪武初年，帶著信、義兩個兒子，用上黨的潞麻與梨倒換祁縣的粗布、紅棗，往返兩地間從中贏利，天長日久有了積蓄，在祁縣城定居下來。雍正年間，十四世渠百川走西口，正是驚蟄之日，其父拿出梨讓他吃後說，先祖販梨創業，歷經艱辛，定居祁縣，今日驚蟄你要走西口，吃梨是讓你不忘先祖，努力創業光宗耀祖。

渠百川走西口經商致富，將開設的字型大小取名「長源厚」。後來走西口者也仿效吃梨，多有「離家創業」之意；再後來驚蟄日也吃梨，亦有「努力榮祖」之念。

關於「驚蟄吃梨」還有其他幾種說法：此時氣候比較乾燥，很容易使人口乾舌燥、外感咳嗽，所以民間素有驚蟄吃梨的習俗。梨可以生食、蒸、榨汁、烤或者煮水。此時吃梨可助益脾氣，令五臟和平，以增強體質抵禦病菌的侵襲。也有人說「梨」諧音「離」，據說驚蟄吃梨可讓蟲害遠離莊稼，可保全年的好收成。

‖ 打小人 ‖

驚蟄日還有「打小人」的習俗。驚蟄時節往往平地一聲雷，喚醒所有冬眠中的蛇蟲鼠蟻，家中的爬蟲走蟻又會應聲而起，四處覓食。所以古時驚蟄當日，人們會手持清香、艾草，熏家中四角，以香味驅趕蛇、蟲、蚊、鼠和霉味，久而久之，漸漸演變成不順心者拍打對頭人和驅趕霉運的習慣，亦即「打小人」的前身。「打小人」的用意在於通過拍打代表對頭人的紙公仔，驅趕身邊的小人瘟神，宣洩內心的不滿，並祈求新一年事事如意。

‖ 龍抬頭 ‖

農曆二月初二多在驚蟄節氣期間。民間流傳著「二月二，龍抬頭；大倉滿，小倉流」的俗語。「二月二」是從上古時期人們對土地的崇拜中產生、發展而來的，在南、北地區形成了不同的節俗文化：北方為「龍抬頭」節，南方為「社日」。

按照北方地區的舊俗，這一天，人人都要理髮，意味著「龍抬頭」走好運，給小孩理髮叫「剃龍頭」；婦女不許動針線，恐傷「龍睛」；人們也不能從水井裡挑水，要在頭一天就將自家的水甕挑得滿滿當當，否則就觸動了「龍頭」。

普通人家在這一天要吃麵條、春餅、爆米花、豬頭肉等，不同地域有不同的吃食，但大都與龍有關，普遍把食品名稱加上「龍」的頭銜。如吃水餃叫吃「龍耳」、吃春餅叫吃「龍鱗」、吃麵條叫吃「龍鬚」、吃米飯叫吃「龍子」，吃餛飩叫吃「龍眼」。

南方（浙江、福建、廣東、廣西等地）「二月二」仍沿用祭社習俗。土地神古稱「社」、「社神」、「土神」、「福德正神」，客家人稱「土地伯公」，傳說是管理一方土地之神。由於「地載萬物」、「聚財於地」，人類產生了對土地的崇拜。

進入農業社會後，又把對土地的信仰與農作物的豐歉聯繫在一起。浙江

佘族地區有俗語謂：「二月二，殺雞請土地。」每年農曆二月初二人們備祭品祭祀土地爺等神，以保佑鄉人平安。客家人居住的村邊一般都修建有土地廟，每年農曆二月二這天，他們備下煮熟的三牲祭品，帶上香火蠟燭、紙錢等到村邊土地廟祭供，場面肅穆，以求土地神庇護，得以安居樂業。

‖ 祭白虎 ‖

中國民間傳說中，白虎是口舌、是非之神，每年都會在這天出來覓食，開口噬人。大家為了自保，便在驚蟄日祭白虎。所謂祭白虎，是指拜祭用紙繪製的白老虎，紙老虎一般為黃色黑斑紋，口角畫有一對獠牙。拜祭時，需以肥豬血餵之，使其吃飽後不再出口傷人，繼而以生豬肉抹在紙老虎的嘴上，使之充滿油水，不能張口說人是非。

‖ 蒙鼓皮 ‖

古人認為驚蟄是雷聲引起的。神話傳說中雷神是位長了翅膀鳥嘴人身的大神，一手持槌，一手連擊環繞周身的多面天鼓，發出隆隆的雷聲。驚蟄這天，天庭有雷神敲天鼓，鼓聲與雷聲相似，人間也把握這個時機來蒙鼓皮。《周禮·冬官考工記》的「韗人」篇中就記載有「凡冒鼓，必以啟蟄之日」的習俗。

‖ 咒雀 ‖

驚蟄咒雀，目的是在這一天咒過鳥雀，穀物成熟時鳥雀都不敢來啄食穀物。雲南宣威，驚蟄時兒童咒雀，一定要把自己家所有的田埂走遍，才可以回家。有咒雀詞道：「金嘴雀，銀嘴雀，我今朝，來咒過，吃著我的穀子爛嘴殼。」

‖ 驅蟲 ‖

時值驚蟄，氣候溫暖，雨量較多，「春雷驚百蟲」，最宜於各種寄生蟲的繁殖。其中最足以稱為禍患的，如瘧蚊、蝨子、跳蚤、血絲蟲等。尤其是

南方蚊蟲更容易滋生，所以防除害蟲，華南比華北更為重要緊迫。福建有諺語道：「驚蟄不殺蟲，寒到五月窮。」因此民間此日多有驅蟲之舉。《千金月令》上說：「驚蟄日，取石灰糝門限外，可絕蟲蟻。」石灰原本具有殺蟲的功效，在驚蟄這天，撒在門檻外，認為蟲蟻一年內都不敢上門。湖北恩施等地用石灰撒地，畫出弓箭形狀，稱之為「射蟲」。

除了用石灰驅蟲外，湖北天門一帶，兒童敲打征鼓木梆，歌唱遊行，稱為趕蝦蟆；江蘇睢寧這一天炒栗子，稱為爆蟲；江蘇鎮江等地用守歲剩下的蠟燭照蟲；上海松江則有燒蛇王香的做法。山東民間會在驚蟄日生火烙煎餅，取「煙熏火燎滅害蟲」之意。在陝西一些地區過驚蟄要吃炒豆，人們將黃豆用鹽水浸泡後放在鍋中爆炒，發出劈啪之聲，象徵蟲子在鍋中受熱煎熬時的蹦跳之聲。

與之相似，廣西的瑤家炒玉米、江蘇瓜洲人炒糯米、福建客家人不但要炒豆子、麥子，還要煮連毛芋子、做芋子餃。不論東西南北，或熏或炒，取的皆是「炒蟲」、「驅蟲」之意，提醒人們要及時滅蟲除害。

飲食養生

驚蟄天氣明顯變暖，飲食應清溫平淡，燥烈辛辣之品應少吃，如辣椒、蔥蒜、胡椒等。多食用一些新鮮蔬菜及蛋白質豐富的食物，如春筍、菠菜、芹菜、雞、蛋、牛奶等，增強體質，抵禦病菌的侵襲。

‖ 保陰潛陽，適當進補 ‖

飲食上以具有保陰潛陽、清肝降火的食物為主。宜多吃富含植物蛋白質、維生素的食物，少食動物脂肪類食物。可以適當選用一些補品，以提高人體的免疫功能。一般應選服具有調血補氣、健脾補腎、養肺補腦的補品，像鵪鶉湯、清補菜鴨、枸杞子銀耳羹、荸薺蘿蔔汁、蟲草山藥燒牛髓、扁豆粥等，或食用一些海參、龜肉、蟹肉、銀耳、雄鴨、冬蟲夏草等。

‖ 潤肺止咳、滋陰清熱 ‖

驚蟄時節，氣候比較乾燥，很容易使人口乾舌燥、外感咳嗽。生梨性寒味甘，有潤肺止咳、滋陰清熱的功效，非常適合此時食用。另外，咳嗽患者還可食用蓮子、枇杷、羅漢果等食物緩解病痛。

‖ 驚蟄與雨水 ‖

鄭玄《禮記·月令》注：「《夏小正》『正月啟蟄』……漢始亦以啟蟄為正月中。」王應麟《困學紀聞》說：「改啟為驚，蓋避景帝諱。」趙翼《陔餘叢考》：「是漢初驚蟄猶在雨水前。」

驚蟄、雨水及清明、穀雨之倒置，北宋經學家邢昺認為始於漢代劉歆整理的《三統曆》，顧寧人則認為始於東漢天文學者編訢、李梵編纂的《四分曆》。《淮南子》與《逸周書》已經是先雨水而後驚蟄，但是到了《新唐書》、《舊唐書》，則又先驚蟄後雨水。從《宋史》開始，雨水在前，驚蟄在後，沿用至今。

春分

吹面不寒楊柳風

仲春郊外

〔唐〕王勃

東園垂柳徑，西堰落花津。
物色連三月，風光絕四鄰。
鳥飛村覺曙，魚戲水知春。
初晴山院裡，何處染囂塵。

　　春分，古時又稱為「日中」、「日夜分」、「仲春之月」，一是指一天時間白天黑夜平分，各為12小時；二是古時以立春至立夏為春季，春分是春季九十天的中間點，平分了春季。此時太陽位於黃經0度，交節時間為3月20日或21日。

　　《月令七十二候集解》中這樣解釋春分：「春分，二月中。分者，半也，此當九十日之半，故謂之分。秋同義。」漢董仲舒《春秋繁露・陰陽出入上下》：「至於中春之月，陽在正東，陰在正西，謂之春分。春分者，陰陽相半也，故晝夜均而寒暑平。」

氣候變化

春分節氣不僅有天文學上的意義——南北半球晝夜平分，在氣候上，也有比較明顯的特徵：春分時節，除了全年皆冬的高寒山區和北緯45度以北的地區外，各地日平均氣溫均穩定至0℃以上。

此時嚴寒已逝去，氣溫回升較快，尤其華北地區和黃淮平原，日平均氣溫幾乎與多雨的沿江江南地區同時升達10℃以上，而進入「草長鶯飛二月天，拂堤楊柳醉春煙」的春季，也是物候學上真正的春季。遼闊的大地上、小麥拔節、油菜花香，桃紅李白迎春黃，而華南地區更是一派暮春景象。

‖南北降雨不均‖

從氣候規律說，這時江南的降水迅速增多，進入春季「桃花汛」期；在「春雨貴如油」的東北、華北和西北廣大地區降水依然很少。

‖多風沙‖

春分節氣，東亞大槽明顯減弱，西風帶槽脊活動明顯增多，內蒙古到東北地區常有低壓活動和氣旋發展，低壓移動引導冷空氣南下，北方地區多大風和揚沙天氣。

‖春分雪‖

當長波槽東移，受冷暖氣團交匯影響，會出現連續陰雨和倒春寒天氣。因此華北地區出現春分雪的年份也是有的。宋代蘇軾《癸醜春分後雪》詩即云：「雪入春分省見稀，半開桃李不勝威。」俗語有：「春分雪，鬧麥子」，說的是「春分」下雪，對麥子的危害極大，農諺：「冬雪寶，春雪草」即是佐證。

農事活動

一場春雨一場暖，春雨過後忙耕田。這時大部分地區越冬作物都已進入春季生長階段，正是春管、春耕、春種的大忙時期，農諺有「春分麥起身，一刻值千金」、「驚蟄早，清明遲，春分播種正當時」、「二月驚蟄又春分，種樹施肥耕地深」等說法。

‖ 植樹造林，移花接木 ‖

南朝梁宗懍《荊楚歲時記》載：「春分日，民並種戒火草於屋上。有鳥如鳥，先雞而鳴，架架格格，民候此鳥則入田，以為候。」此時也是植樹造林、移花接木的好時期，古詩中有「夜半飯牛呼婦起，明朝種樹是春分」的說法。明代山東淄川於是日栽植樹木、做春酒，釀醋。山西《文水縣誌》載：「春分日，釀酒拌醋，移花接木。」

‖ 抗旱，禦寒 ‖

在「春雨貴如油」的東北、華北、西北地方，抗禦春旱仍是春分時節重要的農事活動。春季少雨的地區要抓緊春灌，澆好拔節水，施好拔節肥，注意防禦晚霜凍害。

江南早稻育秧和江淮地區早稻薄膜育秧工作已經開始，早春天氣冷暖變化頻繁，要注意在冷空氣來臨時浸種催芽，冷空氣結束時搶晴播種。農諺有「冷尾暖頭，下秧不愁」，要根據天氣情況，爭取播後有3至5個晴天，以保一播全苗。

傳統習俗

‖ 豎蛋（立蛋）‖

春分日「豎蛋」是比較有趣的節日習俗之一。春分這天人們通常選擇光

滑勻稱、剛生下四五天的新鮮雞蛋，小心翼翼地在桌子上把它豎起來。雖然雞蛋比較難以豎立，但嘗試成功的人也不少。據史料記載，春分豎蛋的傳統起源於4000年前的中華文明，人們以此慶祝春天的到來，故有「春分到，蛋兒俏」的說法。

為什麼要在春分這一天豎雞蛋呢？據說，這一天最容易把雞蛋豎起來，其中還有一些科學道理。有學者分析說，春分是南北半球晝夜均等的日子，呈66.5度傾斜的地球地軸與地球繞太陽公轉的軌道平面剛好處於一種力的相對平衡狀態，很有利於豎蛋。也有人認為，春分正值春季的中間，不冷不熱、花紅柳綠、人心舒暢、思維敏捷、動作利索、易於豎蛋成功。

要讓雞蛋豎立起來還是有些技巧的。在雞蛋高低不平的表面有許多凸起，根據三點構成一個三角形和決定一個平面的道理，只要找到三個凸起和由這三個凸起構成的三角形，並使雞蛋的中心線通過這個三角形，那麼這個雞蛋就能豎立起來了。此外，最好要選擇剛生下四五天的雞蛋，因為此時雞蛋的蛋黃素帶鬆弛、蛋黃下沉、雞蛋重心下降，有利於雞蛋的豎立。

‖ 釀酒 ‖

在山西流傳著春分日釀酒的習俗。《文水縣誌》記載：「春分日，釀酒拌醋，移花接木。」在山西陵川，春分這天不僅要釀酒，還要用酒、醋祭祀先農，祈求莊稼豐收。造春分酒是山西、北京、天津、河北、山東、浙江等地流行較為廣泛的習俗。

‖ 吃春菜 ‖

嶺南地區春分日有個不成節的習俗，叫作「吃春菜」。「春菜」是一種野莧菜，鄉人稱之為「春碧蒿」。逢春分那天，全村人都去採摘春菜。在田野中搜尋時，多見是嫩綠的，細細棵，約有巴掌那樣長短。採回的春菜一般與魚片「滾湯」，名曰「春湯」。人們認為：「春湯灌髒，洗滌肝腸。闔家老少，平安健康。」一年自春，祈求的還是家宅安寧，身壯力健。

∥黏雀子嘴∥

有的地方春分這一天按習俗每家都要吃湯圓，而且還要把不用包心的湯圓十多個或二三十個煮好，用細竹籤穿著置於室外田邊地坎，名曰黏雀子嘴，免得雀子來破壞莊稼。

∥祭日∥

古代帝王有春天祭日、秋天祭月的禮制。周禮天子春分日於日壇祭日。《禮記》載：「祭日於壇。」孔穎達疏：「謂春分也。」到了清代潘榮陛《帝京歲時紀勝》也有記載：「春分祭日，秋分祭月，乃國之大典，士民不得擅祀。」

日壇坐落在北京朝陽門外東南日壇路東，又叫朝日壇，它是明、清兩代皇帝在春分這一天祭祀大明神（太陽）的地方。朝日定在春分的卯刻，每逢甲、丙、戊、庚、壬年份，皇帝親自祭祀，其餘的年歲由官員代祭。

春分祭日雖然比不上祭天與祭地典禮，但儀式也頗為隆重。明代皇帝祭日時，用奠玉帛、禮三獻、樂七奏、舞八佾，行三跪九拜大禮。清代皇帝祭日禮儀有：迎神、奠玉帛、初獻、亞獻、終獻、答福胙、撤饌、送神、送燎等九項議程，也很隆重。

∥春社∥

春社是古時春天祭祀土地神的活動，周代為甲日，後多在立春後第五個戊日舉行。漢以前只有春社，漢以後始有春、秋二社，約在春分、秋分前後舉行。北宋詞人晏殊《破陣子》詞中有句「燕子來時新社，梨花落後清明」，即可證春社的大致時間。

社日活動以祭土地神為主，又可分為官社和民社。官社莊重肅穆，禮儀繁縟；而民社則充滿生活氣息，成為鄰里娛樂聚會的日子，同時有各種娛樂活動，有敲社鼓、食社飯、飲社酒、觀社戲等諸多習俗。到魏晉隋唐後，春社又增加葛禾稼、種社瓜、祈降雨、飲宴等內容，甚為風行。唐代詩人王駕

《社日》詩有云：「桑拓影斜春社散，家家扶得醉人歸。」可想見古時民社的熱鬧場面。春社除了祭祀土地神以求豐年，還有指導農事、娛樂睦族、宣政教化等作用。

‖ 春祭 ‖

中國南方某些地區農曆二月春分就開始掃墓祭祖，叫作春祭。掃墓前先要在祠堂舉行隆重的祭祖儀式，殺豬、宰羊，請鼓手吹奏，由禮生念祭文，帶引行三獻禮。春分掃墓開始時，首先掃祭開基祖和遠祖墳墓，全族和全村都要出動，規模很大，隊伍往往達幾百甚至上千人。開基祖和遠祖墓掃完之後，然後分房掃祭各房祖先墳墓，最後各家掃祭家庭私墓。大部分客家地區春季祭祖掃墓，都從春分或更早一些時候開始，最遲清明要掃完。有一種說法，謂清明後墓門就關閉，祖先英靈就受用不到了。

‖ 祭花神 ‖

春分節氣前後比較有名的節日是花朝節，俗稱「花神節」、「百花生日」、「花神生日」，「挑菜節」。時間因地域的不同或在二月初二、或二月十二，或二月十五。

民間此節有踏青、賞花、撲蝶、拜花神、移花種草等習俗，士族文人也趁著節興吟詩作賦。另外，民間嫁娶、納彩、問名等均以此日為吉。

花朝節由來已久，春秋時期的《陶朱公書》中就有記載：「二月十二日為百花生日，無雨，百花熟。」民間相傳二月十二日是百花的生日，此時陽和景明，百花競相開放，爭奇鬥豔，故名。宋朝吳自牧《夢粱錄·二月望》記載：「仲春十五為花朝節。浙間風俗，以為春序正中，百花爭放之時，最堪遊賞。」

到清代，一般北方以二月十五為花朝節，而南方則以二月十二為百花生日。由於中國南方地區相對北方地區較暖，節日時間比北方提早幾天也是合理的。《紅樓夢》中就有兩個人的生日在二月十二日，一個是「閬苑仙葩」

林黛玉，一個是「花氣襲人知驟暖」的襲人，可見花朝節對大觀園人物生日設置的影響。

飲食養生

春分節氣時人體血液正處於旺盛時期，激素水準也處於相對高峰期，此時易發非感染性疾病，如高血壓、月經失調、痔瘡及過敏性疾病等。膳食的原則要禁忌大熱、大寒的飲食，保持寒熱均衡。這段時期也不適宜飲用過肥膩的湯品。過敏體質的人應該少吃海鮮與辛辣刺激之物，少飲白酒。

‖ 多吃時令蔬果 ‖

此時吃有養陽功效的韭菜，可增強人體脾胃之氣；豆芽、豆苗、萵苣等食材，有助於活化身體生長機能。豆芽最適合春季吃，能幫助五臟從冬藏轉向春生，還具有清熱的功效，有利於肝氣疏通、健脾和胃。食用桑葚、櫻桃、草莓等營養豐富的晚春水果，則能潤肺生津，滋補養肝。

‖ 補肝益腎 ‖

春分時仍應注意養肝，協調肝的陰陽平衡。甘味食物能補肝益腎，如枸杞子、核桃、花生、大棗、桂圓等。還可以泡點菊花茶、薄荷水，能起到清除肝熱的作用。而酒會傷肝，春季更不宜飲酒。

清明

氣清景名，清潔明淨

清　明

〔唐〕杜牧

清明時節雨紛紛，路上行人欲斷魂。
借問酒家何處有？牧童遙指杏花村。

　　當太陽到達黃經15度時為清明節氣，交節時間在4月4日或5日。《淮南子・天文訓》記載，春分後十五日，斗「指乙，則清明風至」。「清明風」即清爽明淨之風。《歲時百問》解釋說：「萬物生長此時，皆清潔而明淨，故謂之清明。」西漢時的《曆書》也說：「春分後十五日，斗指丁，為清明，時萬物皆潔齊而清明，蓋時當氣清景明，萬物皆顯，因此得名。」這就是清明節氣的由來。

氣候變化

常言道：「清明斷雪，穀雨斷霜。」清明過後，因為氣溫逐漸升高就很少再下雪了。

‖北方乾燥多風、降水少，南方降雨增多‖

清明時北方氣溫回升很快，降水少，乾燥多風，是一年中沙塵天氣多的時段。江淮地區冷暖變化幅度較大，雷雨等不穩定降水逐漸增多。長江中下游地區降雨明顯增加，除東部沿海外，江南大部地區4月平均雨量在100毫米以上；如果冷空氣偏強，可能出現連續3天以上日平均氣溫小於10℃的低溫陰雨天氣。華南地區因地理位置臨近海洋，當受冷暖空氣交匯形成的鋒面影響時，開始出現較大的降水；當遇到熱力對流旺盛時，甚至還會有雷暴等強對流天氣出現，形成較大的暴雨。

‖江南地區「清明時節雨紛紛」‖

清明在中國古詩詞中總是被描寫成下雨的，給後人的感覺也一直是多雨的，最為人熟知的有唐朝詩人杜牧的《清明》「清明時節雨紛紛，路上行人欲斷魂」，趙令時的《蝶戀花·欲減羅衣寒未去》「殘杏枝頭花幾許，啼紅正恨清明雨」等等，似乎這些都可以證明清明節一定會下雨。然而這些詩詞只是記錄當時當地的所見，並不能代表絕對規律。清明節氣並不只是4月4日或4月5日這一天時間，而是從清明這天到穀雨日這期間的15天時間都可以稱作清明，因而就從時間長短上增加了下雨的概率。

農事活動

清明一到，氣溫升高，雨水稍多，正是春耕的大好時節，農諺云「清明前後，種瓜種豆」、「清明穀雨兩相連，浸種耕田莫遲疑」、「清明時節，

麥長三節」，催促著人們及時進行春耕春種。此時黃淮地區以南的小麥即將孕穗，油菜已經開花，東北和西北地方小麥也進入拔節期。

‖ 防寒防凍 ‖

清明雖已進入4月，但天氣仍然變化不定，忽冷忽熱，時陰時晴，有時可能仍有寒潮出現。忽冷忽熱、乍暖還寒的天氣對已萌動和返青生長的作物危害很大，因此要注意做好防寒防凍工作。江南地區正是「清明時節雨紛紛」，逐漸增多的水分通常可滿足作物生長的需要，但是如果冷空氣偏強，可能出現連續3天以上日平均氣溫小於10℃的低溫陰雨天氣，日照不足，造成中稻爛秧和早稻死苗，所以水稻播種、栽插要避開「冷尾暖頭」。

‖ 抗旱灌溉 ‖

黃淮平原以北的廣大地區，清明時節降水仍然很少，對開始旺盛生長的作物來說，水分常常供不應求，此時的雨水顯得十分寶貴，農諺有「清明前後一場雨，勝過秀才中了舉」之說。這些地區應注意保墒，及時灌溉，以滿足小麥拔節孕穗、油菜抽薹開花需水關鍵期的水分供應。

傳統習俗

‖ 踏青 ‖

清明時節天氣回暖，到處生機勃勃。人們遠足踏青，探春、尋春，親近自然，可謂順應天時。此時踏青有助於吸納大自然純陽之氣，驅散積鬱的寒氣和抑鬱的心情，有益於身心健康。

‖ 放風箏 ‖

清明節還有放風箏的習俗。人們不僅白天放，夜間也放。夜裡在風箏下或拉線上掛上一串串彩色的小燈籠，像閃爍的星星，被稱為「神燈」。人們

把風箏放上天后，便剪斷牽線，任憑清風把它們送往天涯海角，據說這樣能除病消災，給自己帶來好運。

‖ 植樹插柳 ‖

清明時節也是植樹插柳的好時機。柳在中國人心中有辟邪保平安的功用。佛教認為柳可以驅鬼，柳枝又可度人，觀音菩薩的淨水瓶和楊柳枝，可以遍灑甘露救人脫難。早年民間求雨時也戴柳條。也有人認為清明時節是柳樹發芽抽枝之際，民間的戴柳和插柳活動是為了紀念「教民稼穡」的神農氏。後來的清明節植樹最早即源於清明戴柳、插柳。從節令上講，清明正是北方春回大地萬物復甦的季節，非常適合栽種樹木。

‖ 祭祖掃墓 ‖

清明節是中華文明最重要的祭祀節日之一，是祭祖和掃墓的日子，清代《帝京歲時紀勝》記載：「清明掃墓，傾城男女，紛出四郊。」祭掃習俗據傳始於古代帝王將相的「墓祭」之禮，後來民間亦相仿效，於此日祭祖掃墓，歷代沿襲而成為中華民族一種固定的風俗。

每當清明節來臨，在外鄉的人們不遠千里回到故鄉，在逝去親人的墳頭除去雜草，添一把新土，擺上祭祀的果品什物，鄭重地拜上一拜。它不僅是人們祭奠祖先、緬懷先人的節日，也是中華民族認祖歸宗的紐帶。近年來逐漸興起的清明網上祭掃儀式，不僅為無法回鄉祭掃的人們提供了平臺，而且相對環保，深受人們喜愛。

飲食養生

清明飲食可選擇健脾補肺的食物，如山藥等。在湯品調理中，可多用利水滲濕和補益，搭配養血舒筋的藥材，如薏仁、黃芪、山藥、桑葚、菊花、杏仁等。加有蕎麥、燕麥、薏仁等的五穀粥則可益肝、和胃、補虛、除煩去

濕，增強抵抗力。此時吃時令野菜可緩解內熱及春季乾燥引起的出鼻血等症。苦菜、馬蘭、薺菜、刺兒菜等，大都有涼血止血、清熱解毒的功效。

‖ 吃饊子 ‖

中國南北各地清明節有吃饊子的食俗。「饊子」為油炸食品，香脆精美，古時叫「寒具」。寒食節禁火寒食的風俗在大部分地區已不流行，但與這個節日有關的饊子深受世人的喜愛。現在流行於漢族地區的饊子有南北方的差異：北方饊子大方灑脫，以麥面為主料；南方饊子精巧細緻，多以米麵為主料。在少數民族地區，饊子的品種繁多，風味各異，尤以維吾爾族、東鄉族和納西族以及寧夏回族的饊子最為有名。

‖ 製清明果 ‖

浙江南部一些地區此時會採摘田野裡的棉菜（又稱鼠曲草、清明草）拌以糯米粉搗揉，餡以糖豆沙或白蘿蔔絲與春筍，製成「清明果」蒸熟，其色青碧，有止咳化痰的作用。也有用艾葉等製成的清明果。

‖ 嘗螺螄 ‖

清明時節，正是採食螺螄的最佳時令，因這個時節螺螄還未繁殖，最為豐滿、肥美，故有「清明螺，抵隻鵝」之說。螺螄食法頗多，可與蔥、薑、醬油、料酒、白糖同炒；也可煮熟挑出螺肉，可拌、可醉、可糟、可熗，無不適宜。若食法得當，真可稱得上「一味螺螄千般趣，美味佳釀均不及」了。

穀雨

不風不雨正晴和

七言詩

〔清〕鄭板橋

不風不雨正晴和，翠竹亭亭好節柯。

最愛晚涼佳客至，一壺新茗泡松蘿。

幾枝新葉蕭蕭竹，數筆橫皴淡淡山。

正好清明連穀雨，一杯香茗坐其間。

　　太陽到達黃經30度時為穀雨節氣，交節時間為4月20日或21日。《月令七十二候集解》解釋穀雨節氣為：「三月中，自雨水後，土膏脈動，今又雨其谷於水也……蓋穀以此時播種，自下而上也。」穀雨有「有雨百穀生」之意，此時節的雨往往就如詩中所說的「好雨知時節，當春乃發生」，滋潤著百谷茁壯成長。

氣候變化

穀雨時節，南方的氣溫升高較快，一般4月下旬平均氣溫，除了華南北部和西部部分地區外，已達20至22℃，比中旬增高2℃以上。華南東部常會有一二天出現30℃以上的高溫，使人開始有炎熱之感。雖然冷空氣大舉南侵的情況比較少了，但影響北方的冷空氣活動並不消停。4月底到5月初，氣溫畢竟要比3月份高得多，基本上已經看不到霜了，故有「清明斷雪，穀雨斷霜」之說。

‖ 氣流影響、降雨 ‖

穀雨節氣，東亞高空西風急流會再次明顯減弱和北移，華南暖濕氣團比較活躍，西風帶自西向東環流波動比較頻繁，低氣壓和江淮氣旋活動逐漸增多。4至8月份是一年中強對流天氣的高峰期。

穀雨時節，長江中下游、江南一帶，降雨開始明顯增多，特別是華南，一旦冷空氣與暖濕空氣交匯，往往形成較長時間的降雨天氣，也就進入了一年一度的前汛期。

‖ 冰雹、雷暴 ‖

雲雨中夾裹著的強對流天氣，不僅會帶來冰雹、雷暴等，有時還會伴隨著短時間的、局地的大暴雨或特大暴雨，造成江河橫溢和嚴重內澇，時間較長的暴雨還會引發土石流、山體滑坡等災害。

‖ 風沙 ‖

西北、華北地區是「清明穀雨雨常缺」，晴天多、日照強、蒸發大，空氣乾，雨水更是貴如油，大風、沙塵天氣比較常見。

農事活動

穀雨前後是農作物播種的繁忙時期。長江流域「清明下種，穀雨下秧」，黃淮平原「清明早，小滿遲，穀雨種棉正當時」，華北平原「穀雨前後，種瓜種豆」。

‖ 抗旱灌溉 ‖

越冬作物冬小麥、油菜等進入成熟期需要雨水，播下的穀子、玉米、高粱、棉花、蔬菜等，也要有雨水才能根深苗壯，茁壯成長。如果此時降水少，容易造成乾旱。對於十年九春旱的地區，採取節水灌溉、實施人工增雨等措施就顯得十分重要了。

這時，中國南方大部分地區較為豐沛的雨水，對水稻栽插和玉米、棉花苗期生長有利。華南地區穀雨前後的降雨，常常「隨風潛入夜，潤物細無聲」，這是因為「巴山夜雨」以4、5月份出現的最多。「蜀天常夜雨，江檻已朝晴」，這種夜雨晝晴天氣，對大春作物生長和小春作物收穫是頗為適宜的。但是華南其餘地區雨水大多不到30毫米，需要採取灌溉措施，減輕乾旱影響。

‖ 防濕除害 ‖

「穀雨麥懷胎」，小麥已孕穗、抽穗，要抓緊施好孕穗肥，防旱防濕，預防銹病、白粉病、麥蚜蟲等病蟲害。早稻秧苗一般達二三葉期，正是生產管理的關鍵時期，要即時追施「斷奶肥」。對正在結莢的油菜可進行一次葉面噴肥，能促進子粒飽滿，可預防油菜「花而不實」。

‖ 採茶 ‖

穀雨節氣採茶忙。俗語說「清明見芽，穀雨見茶」，到了穀雨時節，氣溫高，芽葉生長快，積累的內含物也較豐富，因此雨前茶往往滋味鮮濃而耐泡。清同治《通山縣誌》載：「穀雨前採茶，細如雀舌，曰『雨前茶』。」民間此時也是採茶、製茶、交易的好時節。

傳統習俗

‖ 殺五毒 ‖

穀雨節流行禁殺五毒的習俗。穀雨以後氣溫升高，病蟲害進入高繁衍期，為了減輕蟲害對作物及人的傷害，農家一邊進田滅蟲、一邊張貼穀雨帖，進行驅凶納吉的祈禱。這一習俗在山東、山西、陝西一帶十分流行。

穀雨帖，屬於年畫的一種，上面刻繪神雞捉蠍、天師除五毒形象或道教神符，有的還附有諸如「太上老君如律令，穀雨三月中，蛇蠍永不生」、「穀雨三月中，老君下天空，手持七星劍，單斬蠍子精」等咒語。舊時，山西臨汾一帶穀雨日畫張天師符貼在門上，名曰「禁蠍」。

陝西鳳翔一帶的禁蠍咒符，以木刻印製，其上印有咒符：「穀雨三月中，蠍子逞威風。神雞叼一嘴，毒蟲化為水……。」畫面中央雄雞銜蟲，爪下還抓有一隻大蠍子。雄雞治蠍的說法早在民間流傳。山東民俗也禁蠍，清代《夏津縣誌》記：「穀雨，朱砂書符禁蠍。」同時，「禁蠍」的民俗也反映了人們驅除害蟲及渴望豐收的願望。

‖ 沐浴 ‖

穀雨時節的河水也非常珍貴。在西北地方，舊時人們將穀雨時的河水稱為「桃花水」，傳說以它洗浴，可消災避禍。

‖ 走穀雨 ‖

在古時，穀雨之日還有個奇特的風俗，莊戶人家的大姑娘小媳婦，無論有沒有事，都要挎著籃子到野外走一圈回來，謂之「走穀雨」，寓意為走出六畜興旺的好年成。

‖ 食香椿 ‖

北方某些地區穀雨有食香椿的習俗。穀雨前後正是香椿上市的時節，這

時的香椿醇香爽口，營養價值高，有「雨前香椿嫩如絲」之說。香椿的嫩葉吃起來清香爽口，具有提高免疫力、健胃、理氣、止瀉、潤膚、抗菌、消炎、殺蟲等功效。

‖賞牡丹‖

穀雨前後是「花中之王」牡丹花開的時候，因此，又被稱為「穀雨花」，民間有「穀雨三朝看牡丹」的說法。到了穀雨時節，牡丹終於感受到了召喚，開出了雍容華貴的花，賞牡丹成為人們閒暇重要的娛樂活動。至今，山東菏澤、河南洛陽、四川彭州多於穀雨時節舉行牡丹花會，供人們遊樂聚會。

相傳武則天隆冬時節在長安游上林苑時，曾命百花同時開放，以助她的酒興。百花懾於武后的威權，都違時開放了，唯牡丹仍乾枝枯葉，傲然挺立。武后大怒，便把牡丹貶至洛陽。牡丹一到了洛陽，立即昂首怒放、花繁色豔，錦繡成堆。因此，天下牡丹以洛陽牡丹最為著名，古語即有「洛陽牡丹甲天下」之說。每當牡丹花會來臨，洛陽總要舉行盛大的開幕儀式，請名流與會，吟詩作賦。

‖採茶‖

在南方，到了穀雨前後，雨水充沛，加上茶樹經冬季的休養生息，使得春梢芽葉肥碩、色澤翠綠、葉質柔軟，富含多種維生素和氨基酸。這種茶葉滋味鮮活，香氣怡人，所以穀雨是採摘春茶的好時節。

穀雨這天上午採的鮮茶葉做的干茶才算是真正的穀雨茶。傳說穀雨當天採的茶喝了有清火、辟邪、明目等功效。所以這天不管是什麼天氣，人們都會去茶山摘一些新茶留起來自己喝或用來招待貴客。

‖祭倉頡‖

「穀雨祭倉頡」，是自漢代以來流傳千年的民間傳統。陝西白水縣有穀雨祭祀文祖倉頡的習俗，屆時還會舉行叫作「穀雨會」的傳統廟會。

傳說倉頡是白水人，造字之後，天帝受了感動，特下穀子雨以示酬勞，故有穀雨一節。白水人為紀念這一節日，每年由清明節開始，到穀雨這天為正會，連續十多天廟會熱鬧非常。會期除演戲、舉行祭禮等大型活動之外，周圍的農民家家戶戶都要蒸一大二小三個饃：大的為獻饃，上插五顏六色的麵花，捧到廟會上擺在其他供品中間。燒香叩拜之後，女主人拔幾枝麵花給女兒插在頭上，謂「穀雨花，頭上插，風調雨順長莊稼」；然後再拿一小饃分給孩子們吃，謂「吃了穀雨饃，消災能免禍」。

‖ 祭海 ‖

對於漁家而言，穀雨節流行祭海習俗。穀雨時節正是春海水暖之時，百魚行至淺海地帶，是下海捕魚的好日子。為了能夠出海平安、滿載而歸，穀雨這天漁民要祭海，祈禱海神保佑。此俗在今天膠東榮成一帶仍然流行。過去，漁家由漁行統一管理，祭海活動一般由漁行組織。

祭品為去毛烙皮的肥豬一頭，用腔血抹紅，白麵大餑餑十個，另外還準備鞭炮、香紙等。漁民合夥組織的祭海若沒有整豬的，則用豬頭或蒸制的豬形餑餑代替。舊時每村都有海神廟或娘娘廟，祭祀時刻一到，漁民便抬著供品到海神廟、娘娘廟前擺供祭祀，有的則將供品抬至海邊，敲鑼打鼓，燃放鞭炮，面海祭祀，場面十分隆重。

飲食養生

‖ 低脂肪，少酸辣 ‖

穀雨時節，飲食方面應注意健脾利濕，可適當吃一些有祛風濕、舒筋骨、補血益氣功效的食物，如赤豆、黑豆、山藥、鱔魚等。同時，飲食方面還應考慮低鹽、低脂、低膽固醇及低刺激的條件，可選擇吃些低脂肪、高維生素、高礦物質的食物，如菠菜、香椿芽等新鮮蔬菜，有醒脾開胃、清熱解

毒的功效。另外，要少吃酸性食物和辛辣刺激的食物，以免導致肝火旺盛，傷及脾胃。

‖ 進補 ‖

穀雨節氣前後，脾處於旺盛時期。脾旺則胃強健，因而會使消化功能達到旺盛的狀態，有利於營養的吸收，所以此時正是補身的大好機會。但是補要適當，不宜過，此時進補不同於冬天，要適當食用一些有補血益氣功效的食物，不僅可以促進健康，還可為安度盛夏奠定基礎。

‖ 護脾胃 ‖

穀雨節氣和清明的最後幾天中，脾處於旺盛時期，脾的旺盛會使胃強健起來，使消化功能處於旺盛的狀態中。可是飲食不當卻極易使腸胃受損，所以這一時期也是胃病的易發期，應特別注意保護脾胃。

飲湖上初晴後雨二首・其二 蘇軾

水光瀲灩晴方好，山色空濛雨亦奇。

欲把西湖比西子，淡妝濃抹總相宜。

蘇軾，字子瞻，號東坡居士，宋朝
著名散文家。這是一首讚美西湖美
景的詩，也是一首寫景狀物的詩，
寫於作者任杭州通判期間。杭州美
麗的湖光山色沖淡了作者內心的煩
惱和抑鬱，也喚醒了他內心深處對
大自然的熱愛。

立夏

立夏小滿，江河水滿。

立夏不下雨，犁耙高掛起。

立夏日晴，必有旱情。

立夏雷，六月旱。

立夏不熱，五穀不結。

立夏不下，小滿不滿，芒種不管。

立夏到夏至，熱必有暴雨。

立夏蛇出洞，準備快防洪。

立夏前後，種瓜點豆。

立夏麥齜牙，一月就要拔。

立夏麥咧嘴，不能缺了水。

季節到立夏，先種黍子後種麻。

清明秫秫穀雨花，立夏前後栽地瓜。

鄉村四月　翁卷

綠遍山原白滿川，子規聲裡雨如煙。
鄉村四月閒人少，才了蠶桑又插田。

翁卷，字續古，一字靈舒，宋朝著名詩人。這首
詩以白描手法繪出江南農村初夏時節的景象。前
兩句著重寫景：綠原、白川、子規、煙雨，寥寥
幾筆就勾勒出水鄉初夏時特有的景色。後兩句寫
人，主要突出在水田插秧的農民形象，從而襯托
出「鄉村四月」勞動的緊張、繁忙。前呼後應，
交織成一幅色彩鮮明的圖畫。

小滿

小滿小滿，麥粒漸滿。

小滿天天趕，芒種不容緩。

麥到小滿日夜黃。

小滿三日望麥黃。

小滿小麥粒漸滿，收割還需十多天。

小滿割不得，芒種割不及。

小滿桑葚黑，芒種小麥割。

麥到小滿，稻（早稻）到立秋

大麥不過小滿，小麥不過芒種。

小滿有雨豌豆收，小滿無雨豌豆丟。

小滿節氣到，快把玉米套（串）。

小滿後，芒種前，麥田串上糧油棉。

村晚　雷震

草滿池塘水滿陂，山銜落日浸寒漪。
牧童歸去橫牛背，短笛無腔信口吹。

雷震，宋代人。這首詩描繪的是一幅悠然超凡、
世外桃源般的畫面，無論是色彩的搭配，還是背
景與主角的佈局都非常協調，而畫中之景、畫外
之聲又給人一種恬靜悠遠的美好感覺。

芒種

芒種落雨，端午漲水。（湘）

芒種打雷是旱年。（湘、豫）

芒種夏至，水浸禾田。（湘、豫）

芒種怕雷公，夏至怕北風。（粵）

芒種南風揚，大雨滿池塘。（桂）

芒種西南風，夏至雨連天。（湘）

芒種刮北風，旱斷青苗根。（皖）

芒種雨漣漣，夏至火燒天。（蘇、冀）

芒種刮北風，旱情會發生。（蘇、桂、湘）

芒種火燒天，夏至雨漣漣。（湘）

芒種忙，麥上場。（鄂、湘、桂）

芒種火燒天，夏至水滿田。（遼、閩、贛）

芒種芒種，連收帶種。（贛）

芒種雨漣漣，夏至旱燥田。（贛）

芒種不種高山谷，過了芒種穀不熟。

夏至日作　　權德輿

璿樞無停運，四序相錯行。

寄言赫曦景，今日一陰生。

權德輿，字載之，唐代文學家。這首詩是夏至所
作，描寫夏至景象。作者用頗具哲理的話語提
示人們，雖此刻正值夏日炎炎，但「璿樞無停
運」，秋天很快就要到來。

夏至

夏至風從西邊起，瓜菜園中受熬煎。

夏至落雨十八落，一天要落七八砣。

夏至有雨三伏熱，重陽無雨一冬晴。

芒種栽秧日管日，夏至栽秧時管時。

夏至東風搖，麥子坐水牢。

冬至始打霜，夏至乾長江。

夏至東南風，平地把船撐。

夏至東風搖，麥子水裡撈。

冬至魚生夏至狗。

夏至狗無處走。

夏至雨點值千金。

夏至悶熱汛來早。

小暑六月節　元稹

倏忽溫風至，因循小暑來。

竹喧先覺雨，山暗已聞雷。

戶牖深青靄，階庭長綠苔。

鷹鸇新習學，蟋蟀莫相催。

元稹，字微之，唐代中晚期詩人。早年和白居易共同提倡「新樂府」，元稹詩作辭淺意哀，仿佛孤鳳悲吟，極為扣人心扉，動人肺腑。這首詩描寫的是小暑時節暖暖的熱風到了，竹子的喧嘩聲表明大雨即將來臨，山色灰暗仿佛已經聽到了隆隆的雷聲。由於炎熱季節的一場場雨，有了門戶上潮濕的青靄和院落裡蔓生的小綠苔。鷹感陰氣，乃生殺心，學習擊搏之事；蟋蟀至七月則遠飛而在野矣，肅殺之氣初生，則在穴感之深則在野而鬥。

小暑

棉花入了伏，三天兩頭鋤。

麥不見伏，伏不見麥。

小暑收大麥，大暑收小麥。

小暑不熱，五穀不結。

小暑驚東風，大暑驚紅霞。

小暑過，一日熱三分。

小暑南風，大暑旱。

小暑打雷，大暑破圩。

頭伏蘿蔔二伏菜，三伏有雨種蕎麥。

小暑溫暾大暑熱。

小暑後，大暑前，二暑之間種綠豆。

小暑過後十八天，莊稼不收土裡鑽。

大暑　曾幾

赤日幾時過，清風無處尋。

經書聊枕籍，瓜李漫浮沉。

蘭若靜復靜，茅茨深又深。

炎蒸乃如許，那更惜分陰。

曾幾，字吉甫，自號茶山居士，
南宋詩人。這首詩對於大暑時節
的那種炎熱描述得淋漓盡致，讓
我們有身臨其境的感覺。

大暑

大暑大雨，百日見霜。

大暑小暑，淹死老鼠。

大暑熱不透，大熱在秋後。

大暑不暑，五穀不起。

大暑無酷熱，五穀多不結。

大暑連天陰，遍地出黃金。

大暑展秋風，秋後熱到狂。

小暑吃黍，大暑吃穀。

小暑怕東風，大暑怕紅霞。

小暑大暑，有米不願回家煮。

小暑不見日頭，大暑曬開石頭。

小暑大暑不熱，小寒大寒不冷。

立夏

清風無力屠得熱

小 池

〔宋〕楊萬里

泉眼無聲惜細流，樹陰照水愛晴柔。
小荷才露尖尖角，早有蜻蜓立上頭。

　　立夏，預示季節的轉換，標誌著夏季的開始，此時太陽到達黃經45度，交節時間在5月5日或6日。立夏節氣在戰國末年就已經確立了，古書有云：「斗指東南，維為立夏，萬物至此皆長大，故名立夏也。」《月令七十二候集解》中解釋說：「立，建始也。」「夏，假也，物至此時皆假大也。」這裡的「假」，即「大」的意思，是說春天發芽生長的植物到此已經長大了。立夏時節氣溫明顯升高，雷雨天氣增多，農作物生長進入旺季。

氣候變化

立夏是一個萬物並秀、充滿生機的節氣，草木生長至此而愈加蔥郁、繁盛。各地氣溫大幅度升高，但是南北的氣溫差異較大，而且同一地區溫差波動也較大，易出現「麥秀寒」天氣。

按氣候學的標準，日平均氣溫穩定在22℃以上為夏季開始，但是立夏前後，中國只有福州到南嶺一線以南地區是真正的「綠樹陰濃夏日長」的夏季；而東北和西北的部分地區這時剛剛進入春季，大部分地區平均氣溫在18至20℃上下，正是「百般紅紫鬥芳菲」的仲春或暮春時節。

農事活動

立夏的氣溫和降水都比較適宜農作物的播種和生長，田間勞作也日益繁忙。農諺有「立夏前後種地瓜」、「立夏種稻點芝麻」、「立夏芝麻小滿谷」、「立夏前後，種瓜點豆」等，此時許多作物都要播種，農民手忙腳亂忙都忙不過來，甚至是「立夏亂種田」。

古時民間常以立夏日的陰晴測收成，認為立夏有雨則預示莊稼長勢良好。民諺有「立夏不下，旱到麥罷」、「立夏不下雨，犁耙高掛起」、「立夏無雨，碓頭無米」、「多插立夏秧，穀子收滿倉」之說。這時夏收作物進入生長後期，冬小麥揚花灌漿，油菜接近成熟，夏收作物年景基本定局，上半年的收成皆由此時的生長狀況而定，故有「立夏看夏」之說。

‖ 灌溉、防災 ‖

立夏前後，華北、西北等地氣溫回升很快，但降水仍然不多，加上春季多風，蒸發強烈，天氣乾燥和土壤乾旱常嚴重影響農作物的生長。尤其是小麥灌漿乳熟前後的乾熱風更是導致減產的重要災害性天氣。乾熱風又稱「火南風」或「火風」，是一種高溫、乾燥並伴有一定風力的農業氣象災害，小

麥揚花灌漿時若刮乾熱風，往往使小麥秕粒嚴重，甚至枯萎死亡，因此適時灌水是抗旱防災的關鍵措施。

‖ 防寒、追肥 ‖

立夏後是早稻插秧的關鍵時期，此時若遇到低溫天氣，栽秧後要立即加強管理，早追肥、早耘田、早治病蟲，促進早發。

‖ 防濕、除害 ‖

立夏以後，江南正式進入雨季，雨量和雨日均明顯增多，連綿的陰雨不僅導致作物的濕害，還會引起多種病害的流行。

小麥抽穗揚花是最易感染赤黴病的時期，若預計未來有溫暖但多陰雨的天氣，要抓緊在始花期到盛花期噴藥防治。南方的棉花在陰雨連綿或乍暖乍寒的天氣條件下，往往會引起炭疽病、立枯病等病害的暴發，造成大面積的死苗、缺苗。應及時採取必要的增溫降濕措施，並配合藥劑防治，以保全苗爭壯苗。

‖ 除草 ‖

立夏時期還要抓緊田間除草。氣候適宜，雜草生長得也快，所謂「一天不鋤草，三天鋤不了」，因此要「立夏三朝遍地鋤」。多鋤地既可以除去雜草，又能疏鬆土壤，減少水分蒸發，對農作物良好生長有十分重要的意義。

傳統習俗

‖ 鬥蛋 ‖

俗語說：「立夏胸掛蛋，孩子不疰夏。」疰夏又稱「苦夏」，是夏日常見的腹脹厭食、乏力倦怠、眩暈心煩的症狀，小孩和體質虛弱者尤易疰夏。

此時民間每家中午都會煮雞蛋，而且這些雞蛋一定要完好無損，不能有瑕疵。他們會把煮熟的雞蛋用冷水泡上一段時間，然後放進事先準備好的絲

網袋裡面，把這個袋子掛在孩子的脖子上進行鬥蛋遊戲，就不會疰夏。

鬥蛋是孩子們三五成群地進行的娛樂遊戲，雞蛋的尖端為頭，圓端為尾，鬥蛋時蛋頭鬥蛋頭，蛋尾擊蛋尾，這樣一個個進行比試，只要蛋破就是輸者，蛋頭勝者為第一，蛋尾勝者為第二。

‖ 稱人 ‖

古時立夏日還有稱人的習俗。人們在村口或台門裡掛起一杆大木秤，秤鉤懸一條凳子，大家輪流坐到凳子上面秤體重。掌秤人一面打秤花，一面對所稱的人講著祝福長壽、結良緣、考取功名等吉利話。

民間相傳立夏稱人與孟獲和劉阿斗的故事有關。據說孟獲歸順蜀國之後，遵從諸葛亮的臨終囑託，每年去看望蜀主一次。諸葛亮囑託之日，正好是立夏，孟獲當即去拜訪阿斗，從此成俗。

即使後來晉武帝司馬炎滅掉蜀國擄走阿斗，孟獲仍不忘丞相囑託，每年立夏帶兵去洛陽看望阿斗，每次去都要秤阿斗的體重，以驗證阿斗是否被虐待，並揚言如果虐待阿斗，就要起兵反晉。

阿斗雖然沒有什麼本領，但有孟獲立夏稱人之舉，晉武帝也不敢欺侮他，日子也過得清靜安樂，福壽雙全。這一傳說，雖與史實有異，但百姓希望的即是「清靜安樂，福壽雙全」的太平世界。稱人為阿斗帶來了福氣，人們也祈求上著給他們帶來好運。

‖ 迎夏 ‖

立夏自古以來就是一個比較隆重的節日。早在西周時，立夏日帝王要率文武百官到京城南郊去「迎夏」，並舉行祭祀神農炎帝、火神祝融的儀式。《後漢書·祭祀志》載：「立夏之日迎夏，於南郊，祭赤帝祝融，車旗服飾皆赤。」可見，「迎夏」自古以來就是祈求豐收、勸勉農耕的一國之盛事。

迎夏時君臣一律著朱色服，配朱色玉佩，連馬匹、車旗都要朱紅色的，以祈求豐收、國祚安康。漢承此俗，至宋代儀禮更繁。至明代始有嘗新風

俗，宮廷裡「立夏日啟冰，賜文武大臣」。冰是上年冬天貯藏的，由皇帝賜給百官。當時頒冰還有獻牲祭祀的儀式。明清頒冰在立夏暑伏時節，清代按官階發給冰票，憑票領取。清代立夏日風俗內容愈豐，其中有祭神、嘗新、饋贈、稱人、烹新茶等。

‖ 住夏 ‖

在安徽、江蘇一帶，舊時女兒出嫁後的第一個立夏日必須回娘家，稱「住夏」。在安徽和州，女兒要一直住到五月初四，端午日才返回婆家。

‖ 拜秧節 ‖

拜秧節又叫插秧節，是中國壯族的傳統節日，時間在立夏前後的四月初八。當天壯族人民每家每戶殺雞到田頭祭拜秧苗，以祈求禾秧茁壯成長。

‖ 見新 ‖

自明代流傳至今的立夏日見新的習俗，在各地也有所不同。見新，亦即「薦新」，人們把新鮮的時令果蔬祭獻給祖先和神明，也有普通人的「嘗新」習俗。顧祿《清嘉錄》載蘇州風俗：「立夏日，家設櫻桃、香梅、元麥供神享先。名曰『立夏見三新』。宴飲則有燒酒、酒釀、海螄、饅頭、麵筋、芥菜、白筍、鹹鴨蛋等品為佐，蠶豆亦於是日嘗新。」

南京的立夏「三新」是櫻桃、青梅和鰣魚。在無錫，民間則有「立夏嘗三鮮」的習俗，三鮮又分地三鮮、樹三鮮和水三鮮：地三鮮即蠶豆、莧菜、黃瓜；樹三鮮即櫻桃、枇杷、杏；水三鮮即海螄、河豚、鰣魚。

‖ 忌坐門檻 ‖

立夏日還有忌坐門檻之說。在安徽，道光十年《太湖縣誌》中記載：「立夏日，取筍莧為羹，相戒毋坐門檻，毋晝寢，謂愁夏多倦病也。」說是如果這天坐門檻或是白天睡覺，夏天裡會疲倦多病。

‖ 食雞蛋、全筍、豌豆 ‖

在某些地方，立夏日中飯是糯米飯，飯中摻雜豌豆。桌上必有煮雞蛋、全筍、帶殼豌豆等特色菜肴。鄉俗蛋吃雙、筍成對，豌豆多少不論。民間相傳立夏吃蛋拄心（「拄」意支撐），因為蛋形如心，人們認為吃了蛋就能使心氣精神不受虧損。竹筍成對，是希望人雙腿也像春筍那樣健壯有力，能涉遠路，寓意拄腿。帶殼豌豆形如眼睛，古人眼疾普遍，為了消除眼疾，以吃豌豆來祈禱一年眼睛像新鮮豌豆那樣清澈，無病無災。

‖ 吃粥、喝茶 ‖

舊時立夏日，鄉間有用赤豆、黃豆、黑豆、青豆、綠豆等五色豆拌和白粳米煮成的「五色飯」，後改為倭豆肉煮糯米飯，菜有莧菜黃魚羹，稱為「立夏飯」。

湖南長沙立夏日吃糯米粉拌鼠曲草做成的湯丸，名「立夏羹」，民諺稱「吃了立夏羹，麻石踩成坑」。

浙東農村立夏要吃「七家粥」，喝「七家茶」。「七家粥」彙集了左鄰右舍各家的米，再加上各色豆子及紅糖，煮成一大鍋粥，由大家來分食。「七家茶」則是各家帶了自己新烘焙好的茶葉，混合後烹煮或泡成一大壺茶，再由大家歡聚一堂共飲。

飲食養生

中醫講求「春夏養陽」，認為五臟之中的心對應夏，所以心為陽臟，主陽氣。此季節有利於心臟的生理活動，人在與節氣相交之時應順之，因此夏季養生重在養心。

‖ 宜清淡、少油膩 ‖

立夏時節飲食應該以清淡爽口為主。面對天氣逐漸轉熱對人體造成的不

適，更應該少吃辛辣油膩的食物，多吃粥、湯等易於消化的稀食，適當多吃
蔬菜、水果和粗糧。

‖ 低脂低鹽、多維生素 ‖

立夏時節應注意養心，此時可多喝牛奶，多吃豆製品、雞肉、瘦肉等，
既能補充營養，又起到強心的作用。膳食調養中，應以低脂、低鹽、多維生
素、清淡為主。

小滿

四時田園雜興

〔宋〕范成大

梅子金黃杏子肥，麥花雪白菜花稀。

日長籬落無人過，惟有蜻蜓蛺蝶飛。

　　小滿是一個與農業生產關係十分密切的節氣，此時太陽到達黃經60度，交節時間在5月20日或21日。元代吳澄《月令七十二候集解》中這樣注解小滿：「小滿，四月中。小滿者，物至於此小得盈滿。」這裡的四月指的是陰曆四月，這句話是說夏熟農作物到了陰曆四月中旬的時候子粒變得飽滿，但並沒有完全長成，所以叫「小滿」。

氣候變化

‖ 南北溫差縮小 ‖

小滿節氣此時已是陰曆四月中旬，大部分地區已經進入夏季，日均溫都在22℃以上，黃河以南到長江中下游地區可能出現35℃以上的高溫天氣。從氣候特徵來看，在小滿節氣到下一個節氣芒種期間，全中國各地漸次進入夏季，南北溫差進一步縮小，降水則增多。

‖ 降雨增多 ‖

小滿時節北方的冷空氣會轉移到華南地區，如果南方暖濕氣流也強盛的話，那麼就很容易在華南一帶形成暴雨或特大暴雨，農諺「小滿大滿江河滿」說的就是這個時節南方的降雨狀況，要及時防洪防汛。

如果此時乾旱少雨，則易出現「小滿不滿，干斷田坎」、「小滿不滿，芒種不管」的狀況，意思是說小滿時如果乾旱，田裡蓄不滿水，就可能造成田坎乾裂，甚至芒種時也無法栽插水稻。對於長江中下游地區來說，如果這個階段雨水偏少，可能是太平洋上的副熱帶高壓勢力較弱，位置偏南，意味著到了黃梅時節，降水可能就會偏少。因此有民諺說「小滿不下，黃梅偏少」、「小滿無雨，芒種無水」。

農事活動

小滿也是適宜水稻栽插的時節，農諺云「立夏小滿正栽秧」、「秧奔小滿穀奔秋」，要根據天氣及時進行田間勞作，不誤農時。

在江南地區小滿時節農事勞作十分繁忙，農諺云：「小滿動三車，忙得不知他。」「三車」指的是水車、榨油車和繅絲車。江南蠶鄉，小滿時節往往三車齊動，踏水、榨油、繅絲一刻也不得閒。人們忙著踏水車引水澆灌；

此時收割下來的油菜籽也要用油車舂打成油，等待著估客（意商人）來販賣；蠶桑人家，小滿前後就要開始搖動絲車繅絲了。《清嘉錄》記載：「小滿乍來，蠶婦煮繭，治車繅絲，晝夜操作。」可見農事之緊迫。

‖ 防乾熱風 ‖

小滿節氣在麥子乳熟期同樣要預防乾熱風的危害，俗話說「麥怕四月風，風後一場空」，要適時進行澆灌，增強麥子的長勢，以抵抗災害。

‖ 通風散氣 ‖

小滿時節，大棚作物要注意通風散氣。由於這個時節的溫度比較高，通風散氣一定要及時，雨過天晴後，要即時揭開薄膜，降低棚內的溫濕度。對於陸地上的蔬菜，要增加肥料，多鋤草，還要做好病蟲防治工作。

‖ 防澇、防蟲害 ‖

小滿節氣時要注意兩種果樹的防蟲害作業：一種是柑橘樹。首先要做好柑橘樹的保花保果工作，同時還要預防病蟲害，尤其是瘡痂病和樹脂病，以及卷葉蛾的侵襲。注意多排水，不要讓果樹長時間浸泡在水裡，防止澇害和水土流失。第二種就是楊梅樹，除了進行保果工作，亦同時注意防治病蟲害。

‖ 畜牧管理 ‖

小滿時節對於一些牲畜的管理不能掉以輕心，兔子小滿前後可以進行配胎，保證仔兔安全度夏。兔舍的衛生十分重要，要及時清理。這個時段蚊蟲比較多，要做好滅蚊蠅的工作，在飼料中適當添加驅蟲劑。

傳統習俗

‖ 看麥梢黃 ‖

陝西關中地區每當到了麥子快要成熟的時候，出嫁的姑娘都會準時回娘家，問候夏收準備工作進展如何，還會詢問麥子的長勢情況，俗稱「看麥梢黃」。當地也流傳著這樣一句諺語：「麥梢黃，女看娘，卸了杠枷，娘看冤家。」麥收結束之後，母親還要去看閨女，關心女兒的操勞狀況。

‖ 烤麥子 ‖

北方的一些地區，小滿時節麥將熟時，農民到地裡察看麥子的長勢，回家後往往會帶回一些摘下的半青半黃的麥穗，放在爐火上烤熟後用雙手搓掉麥芒和青皮給小孩子吃。烤熟的麥子有一股焦味和香味，嚼起來還有一絲韌勁。在北方，烤麥子成為許多人童年的珍貴回憶，因為它不僅有趣，而且還承載了農民祈求豐收的美好願望。

‖ 薦三新 ‖

小滿節氣和立夏節氣一樣也有薦三新的習俗，只是時節不同，三新的內容也不同。《清嘉錄》引《震澤志》云：「歲既獲，即播菜麥，至夏初則摘菜苔以為蔬，舂菜子以為油，斬菜萁以為薪，磨麥穗以為麵，雜以蠶豆，名曰『舂熟』。郡人又謂之小滿見三新。」

‖ 祭祀車神 ‖

小滿時節有祭祀車神的習俗。古時灌溉在農業生產中尤為重要，但是丘陵山地地區由於地勢高灌溉極為不便，人們便發明了水車，能把低處的水引流到高處。

相傳漢代時已有了水車的雛形，經過孔明改造後逐漸廣泛地運用於農業生產，因此又稱孔明車。《宋史·河渠志五》記載：「地高則用水車汲引，

灌溉甚便。」解決了灌溉難的問題，人們非常感激，於是就有了祭車神的風俗，以此祈求雨水。

傳說很久以前的人們都把「車神」看作是一條白色的龍，認為它是龍王的兒子，可以呼風喚雨。因此在小滿節氣來臨時，每家每戶都要在車水灌溉之前擺上大魚大肉和酒，擺上香燭祭拜車神。在這些祭品裡面有一個特殊祭品——一杯白水，象徵著雨水。人們會在祭拜的時候把這杯水潑到田地裡面，希望今年的雨水充足，潤澤莊稼。

‖ 祭祀蠶神 ‖

小滿時節也祭祀蠶神。相傳蠶神誕生於小滿這一天，人們就稱這天為祈蠶節。在男耕女織的中國傳統社會中，蠶絲是南方地區「織」的重要原料。養蠶在中國南方地區比較盛行，尤其是江浙地區，幾乎每家每戶都養蠶。由於蠶很難養活，古代把蠶視為「天物」，在小滿節氣前後放蠶時舉行祈蠶儀式，期望蠶神保佑養蠶能有個好收成。這天，養蠶人家會到蠶娘廟供上水果、酒和豐盛的菜肴進行跪拜，尤其要把用麵做成的「麵繭」放在用稻草紮成的山上，以祈求蠶繭豐收。

民間禁忌

‖ 忌不下雨 ‖

古時農業生產全靠天吃飯，每當節氣來臨人們都借此祈求降雨，以求豐年，小滿即有「小落小滿，大落大滿」的諺語。「落」是降雨的意思，小落下小雨，大落下大雨，人們認為此時雨水越多將來收成就越好。其他如「小滿不滿，芒種莫管」、「小滿不滿，麥有一險」等，說的都是若此時小麥生長需要的水分不足，就會乾旱，顆粒不飽滿，因此收成會受到影響。

‖忌甲子庚辰‖

民間認為小滿這一天如果趕上了甲子庚辰日，秋收時就會有很多蝗蟲光顧，把即將豐收的糧食吃個精光，那樣就會顆粒無收。所以人們非常忌諱這一點，在黃曆上也有這種說法：「小滿甲子庚辰日，定有蝗蟲損稻苗。」

‖忌打鼓‖

小滿這天還有禁忌打鼓響如雷，認為這樣做雨水就不會來臨。這一天每家每戶無論遇上什麼喜事都不能打鼓放歌，因為人們都在期待著雨水的降臨，害怕動靜太大把雷公電母嚇跑。有的地方人們還會聚集在一個比較空曠的地方，虔誠地等待著雨水的降臨，雨水一降，大家就會往家裡跑，希望討個好彩頭。

飲食養生

小滿時節最好吃一些微苦的食物，比如苦瓜。還可常吃具有清利濕熱作用的食物，如赤小豆、薏苡仁、綠豆、冬瓜、絲瓜、黃花菜、荸薺、黑木耳、蓮藕、山藥等。

‖宜食苦‖

小滿節氣宜食苦菜，初候即為「苦菜秀」。苦菜又叫苦苦菜，苦中帶澀、澀中帶甜、新鮮爽口，含有人體所需要的多種維生素、礦物質、膽鹼、糖類、甘露醇等，具有清熱、涼血和解毒的功效。《本草綱目》記載：「（苦苦菜）久服，安心益氣，輕身、耐老。」

苦菜也是著名的救荒本草，自古即供作菜蔬，是中國最早食用的野菜之一，《詩經》中就有採摘苦菜的記載。舊時每年春夏青黃不接之時，農民就靠苦菜充饑。

小滿時節既可以將苦菜調以鹽、醋、辣油或蒜泥等涼拌，也可炒食、熬

湯、作餡料等，也有人將苦菜醃製成鹹菜，吃起來脆嫩爽口。苦菜不失為一種絕佳的時令美食。

‖ 忌油膩、忌辛辣、少吃海鮮 ‖

小滿時節，忌食肥膩、生濕助濕的食物，如動物脂肪、海腥魚類等。另外也不宜吃生蔥、生蒜、生薑、芥末、胡椒、辣椒等酸澀辛辣的食物。油煎熏烤之物也不宜吃。敏感體質的人應謹防因吃魚、蝦、蟹等食物過敏而導致的脾胃不和，蘊濕生熱。

‖ 不宜吃生冷食物 ‖

雨水較多時，痢疾、沙門菌等喜溫暖潮濕的腸道致病菌繁殖很快。此時氣溫升高，天氣炎熱，生冷食物成為人們消暑的一種選擇。雖然可以暫時緩解炎熱，但是不能吃得太多，過度會導致腹痛、腹瀉等症狀。而且，疾病也容易通過生冷食物傳播。

芒種

東風染盡三千頃

橫溪堂春曉

〔宋〕虞似良

一把青秧趁手青，輕煙漠漠雨冥冥。

東風染盡三千頃，白鷺飛來無處停。

　　當太陽到達黃經75度時為芒種節氣，交節時間在6月5日或6日，一般在農曆的四月底或五月初。《月令七十二候集解》解釋芒種為：「五月節，謂有芒之種穀可稼種矣。」「稼」就是種的意思。「芒種」，「芒」為禾科的有芒作物，如小麥、大麥等，這些作物一般芒種時成熟可以收割了；「種」是指穀黍類作物的播種，這個時節是播種玉米、豆類、花生、紅薯及一些秋熟作物的大好時機。「芒種」與「忙種」諧音，農作物既要收割又要播種，因此芒種是一年中農民最忙碌的時節。

氣候變化

這一時節氣溫升高明顯，在此期間，除了青藏高原和黑龍江最北部的一些地區還沒有真正進入夏季以外，大部分地區的人們一般來說都能夠體驗到夏天的炎熱。6月份，無論是南方還是北方，都有出現35℃以上高溫天氣的可能，黃淮地區甚至可能出現40℃以上的高溫天氣，但一般不是持續性的高溫。在臺灣、海南、福建、兩廣等地，6月的平均氣溫都在28℃左右。

‖仍有低溫‖

芒種時節雖然氣溫升高，但不排除有異常的低溫天氣，連續的降水、冰雹等都有可能造成低溫天氣。這樣的情況在南宋詩人范成大的《芒種後積雨驟冷》詩中已經有所體現：「梅霖傾瀉九河翻，百瀆交流海面寬。良苦吳農田下濕，年年披絮播秧寒。」詩中描繪出了梅雨季節陰雨連綿、江河爆滿的天氣狀況，在此情形中，吳地農民冒著冷雨、身披棉絮在田裡插秧，足見氣溫之低。

‖降水多‖

降水充沛是芒種時節天氣的一大特點。此時中國沿江地區多雨，黃淮平原也即將進入雨季；華南地區東南季風雨帶穩定，是一年中降水量最多的時節；長江中下游地區先後進入長達一個多月之久的梅雨季節，雨日多、雨量大、日照少，有時還伴有低溫天氣；西南地區從6月份也開始進入了一年中的多雨季節，高原地區冰雹天氣開始增多。

‖梅雨時節‖

芒種前後，長江中下游地區連綿陰沉的多雨天氣稱為「梅雨」，因其正值江南梅子黃熟時節，故名。古詩詞「梅熟迎時雨」、「黃梅時節家家雨」、「絲絲梅子熟時雨」、「梅子黃時雨」等即可為證。

梅雨季節裡，空氣非常潮濕，天氣異常悶熱，各種器具和衣物容易發霉，所以人們又形象地稱之為「霉雨」。中國南方流行的諺語「雨打黃梅頭，四十五日無日頭」，描述的就是這種天氣狀況。人們把梅雨開始之日稱為「入梅」，結束之日稱為「出梅」，一般為6月上旬到中旬入梅，7月上旬到中旬出梅，出梅後盛夏開始。

農事活動

對於大部分地區來說，芒種至夏至日這半個月是秋熟作物播種、移栽、苗期管理和夏熟作物的成熟收穫時期，是一年中農活最忙碌的時節，此時夏熟作物已經成熟就要收割了，夏播秋收的作物也要播種，春種尚未成熟的莊稼還要田間管理，收割、播種、田間管理，樣樣都要忙。

長江流域是「栽秧割麥兩頭忙」，華北地區是「收麥種豆不讓晌」，廣東是「芒種下種、大暑蒔（蒔指移栽植物）」，貴州農諺也有「芒種不種，再種無用」之說，福建地區是「芒種邊，好種秈；芒種過，好種糯」等。從以上農諺可以看出，芒種時節中國從南到北都在忙收、忙種了，農事活動已經進入高潮。

東北區：冬、春小麥灌水追肥。稻秧插完。穀子、玉米、高粱、棉花定苗。大豆、甘薯完成第一次鏟耥。高粱、穀子、玉米兩次鏟耥。棉花打葉，水稻鋤草，準備追肥，防治病蟲害，做好防雹工作。

華北區：一般麥田開始收割。夏收夏種同時抓緊，加強棉田管理，治蚜、澆水，追肥。

西北區：冬小麥防治病蟲。春玉米澆水、中耕、鋤草，追肥。穀子中耕鋤草、間苗。糜子播種、查苗，補苗。

西南區：搶種秋作物，及時移栽水稻。搶晴收穫夏熟作物。隨收、隨耕，隨種。

華中區：搶晴收麥，選留麥種。搶種夏玉米、夏高粱、夏大豆、芝麻等。中稻追肥，發棵末期結合耘耥排水烤田。加強單季晚稻管理，認真除雜。

華南區：早稻追肥，中稻耘田追肥。晚稻播種、早玉米收穫、早黃豆收穫，晚黃豆播種。春、冬植蔗，宿根蔗中耕追肥、小培土，防治蚜蟲。

‖ 搶收小麥 ‖

小麥的成熟期短，收穫的時間性強，因此天氣的變化對小麥最終產量的影響極大。農諺「小滿趕天，芒種趕刻」、「麥熟一晌，虎口奪糧」等充分體現了芒種時節農作物收割刻不容緩的緊張狀況。麥收時節要警惕異常天氣，「麥黃西南風，麥收一場空」，時刻關注天氣，根據氣象預報安排好搶收時間。

北方地區為了搶收小麥，農民凌晨三四點就要起床下地，一直到午飯時刻方回。吃完中飯稍微歇晌之後又要頂著酷熱在田間揮舞鐮刀。頭頂是火辣辣的太陽，身邊是金黃的麥子，焦灼的土地等待著收穫……此刻只有在烈日下揮汗如雨地勞作，方能真切體會到「誰知盤中飧，粒粒皆辛苦」的艱辛，才能更加提醒人們糧食的來之不易。

‖ 夏播 ‖

「春爭日，夏爭時。」一般而言，夏播作物播種期以麥收後越早越好，以保證到秋前有足夠的生長期。大量的試驗和生產實際表明，夏大豆、夏玉米、夏甘薯等作物的產量均隨播（栽）期的推遲而明顯降低，播（栽）期過遲的甚至不能成熟。麥收以後應抓緊搶種搶栽，時間就是產量，即使遇上乾旱，也要積極抗旱造墒播種，切不可消極等雨，錯過時機。

‖ 防氣象災害 ‖

芒種時節大風、暴雨、冰雹等極端天氣時有發生，這對農作物的收割是個極大的挑戰。

農諺云：「麥收有三怕：雹砸、雨淋、大風刮。」此時若遇到以上極端天氣，很容易使麥株倒伏、落粒、穗上發芽霉變，造成「爛麥場」，使麥子不能及時收割、脫粒和貯藏，一季的辛苦勞作毀於一旦。

‖ 防汛抗澇 ‖

芒種時節，水稻、棉花等農作物生長旺盛，需水量多，適中的雨量對農業生產十分有利，民間即認為芒種日得雨主豐稔，因此有「芒種無雨，山頭無望」之說。梅雨季節過遲或梅雨過少甚至「空梅」的年份，農作物會受到乾旱的威脅。但若梅雨過早、雨日過多、長期陰雨寡照，對農業生產也有不良影響，尤其是雨量過於集中或暴雨，還會造成洪澇災害。在「樣樣都忙」的芒種之時，防汛抗災工作千萬不可放鬆。

傳統習俗

‖ 送花神 ‖

古時「送花神」是芒種時節最為盛大的活動。芒種時已是陽曆六月，此時百花凋零，枝上綠肥紅瘦，地上落英繽紛。民間多在芒種日舉行祭祀花神的儀式，把二月十二花朝節上迎來的花神餞送歸位，表達對花神的依依惜別之情，盼望來年再次相會。

《紅樓夢》第二十七回「滴翠亭楊妃戲彩蝶，埋香塚飛燕泣殘紅」中關於芒種祭祀花神有一段記載，可證當時風俗之盛：「至次日乃是四月二十六日，原來這日未時交芒種節。尚古風俗：凡交芒種節的這日，都要設擺各色禮物，祭餞花神，言芒種一過，便是夏日了，眾花皆卸，花神退位，須要餞行。然閨中更興這件風俗，所以大觀園中之人都早起來了。那些女孩子們，或用花瓣柳枝編成轎馬的，或用綾錦紗羅疊成乾旄旌幢的，都用彩線系了。每一顆樹上，每一枝花上，都系了這些物事。滿園裡繡帶飄搖，花枝招展，

更兼這些人打扮得桃羞杏讓，燕妒鶯慚，一時也道不盡。」

此雖是小說中言語，不可盡信，但某種程度上仍可見當時大戶人家芒種時節餞別花神的熱鬧場面。凋謝的花兒或落在地上化為泥塵，或隨風而起不知所蹤，真真是「明媚鮮妍能幾時，一朝漂泊難尋覓」，讓人愁腸百結。閨中女兒傷春惜春，然而心思奇巧如黛玉者「一抔淨土掩風流」，芒種節葬了落花，便是把整個逝去的春天都埋葬了。

‖ 栽秧會 ‖

栽秧會一般在芒種與夏至間的農曆五月份舉行，這一節日習俗主要流行於中國雲南的白族地區。在農活繁忙的芒種季節，當地往往幾十戶人家甚至整個村子的人自願結合起來集體插秧。插秧的第一天稱為「開秧門」，常要舉行莊嚴而歡愉的儀式，眾人互相吟唱祈求豐收的調子，在嗩吶和鑼鼓的喧鬧中開始繁忙的田間勞動。

‖ 安苗 ‖

安徽皖南還有芒種節安苗的農事習俗。每當芒種時節種完水稻，為祈求秋天有個好收成，當地家家戶戶都會舉行安苗祭祀活動。人們用新磨的麥面蒸發包，並把麵捏成五穀六畜、瓜果蔬菜等形狀，然後用蔬菜汁染上顏色，作為祭祀供品，以求五穀豐登、村民平安。

‖ 端午節 ‖

芒種時節又常常逢著端午節，因此五月初五成為這一節氣中重要的節日。端午節包粽子相傳是為了紀念屈原。戰國末期楚國詩人屈原在五月初五這天懷著一腔悲憤抱石自沉於汨羅江，他生前屢被讒言所誤而逐漸遭到君王疏遠，一身愛國之情無以抒展，只得以身殉國。屈原投江後人們為了避免其遺體被魚蝦所食，便把米飯投入水中讓魚蝦爭食，後來發展為粽子，以此紀念他的忠貞愛國。

‖ 賽龍舟 ‖

在南方多江河的地區，人們也通過划龍舟來紀念屈原或者祭祀龍神，經過歷代的補充逐漸演變成聲勢浩大的划龍舟比賽。沈從文小說《邊城》裡就多次描繪了湘西地區端午節賽龍舟的盛況：「（端午日）大約上午十一點鐘左右，全茶峒人就吃了午飯，把飯吃過後，在城裡住家的，莫不倒鎖了門，全家出城到河邊看划船。……每只船可坐十二個到十八個槳手，一個帶頭的，一個鼓手，一個鑼手。槳手每人持一支短槳，隨了鼓聲緩促為節拍，把船向前划去。」

‖ 喝雄黃酒 ‖

南方有些地區端午節這天還要喝雄黃酒，或者把雄黃蘸酒塗抹在小孩的額頭畫一個「王」字，用來辟邪。人們也會在門口懸掛艾蒿、菖蒲，或者佩戴五彩絲線、屋角撒石灰等來驅蚊蟲，鎮邪驅毒。民間俗稱陰曆五月為「毒月」、「惡月」，因為此時正當初夏，毒蟲滋生，疾病容易傳播，需要驅毒。端午節所驅的毒一般指「五毒」，即蛇、蠍、蜈蚣、蜥蜴和癩蛤蟆。

‖ 鬥百草 ‖

端午節還有蘭草湯沐浴、「鬥百草」等活動也廣為人們所喜愛。南朝梁宗懍的《荊楚歲時記》載：「五月五日，謂之浴蘭節。荊楚人並踏百草，又有鬥百草之戲。」端午時值初夏，是皮膚病多發季節，古人認為以蘭草湯沐浴可以祛除污垢，使人清潔不生病。鬥百草是流行於婦女和兒童之間的一種遊戲，有「文鬥」和「武鬥」之分。「文鬥」法是採摘花草，互相比試誰採的花草種類最多，並說出花草的名字，多者為勝。「武鬥」則是比試草莖的韌性，兩人將草莖交結在一起，各持己端向後拉扯，以斷者為負。端午節各地的習俗不一而足，無不表達著人們的美好願望。

飲食養生

飲食宜以清補為主。芒種期間暑氣濕熱，因此要多食蔬菜、豆類、水果，如鳳梨、苦瓜、西瓜、荔枝、芒果、綠豆、赤豆等。這些食物含有豐富的維生素、蛋白質、脂肪、糖等，可提高機體的抗病能力。

‖ 清淡為主 ‖

芒種時節應多吃具有袪暑益氣、生津止渴的食物，如荷葉粥、蓮子粥、綠豆粥等。也可常喝黃花菜熬制的湯水，它性味甘涼，有消炎、清熱、利濕、消食、明目、安神等功效。

‖ 吃時令水果 ‖

桑葚是芒種時令裡的水果，其果實中含有豐富的葡萄糖、胡蘿蔔素、維生素、鈣、磷、鐵、銅、鋅等營養物質，具有補肝益腎、生津潤腸、烏髮明目、延緩衰老等功效，食用桑葚可有效緩解芒種時節天氣悶熱所引起的頭暈目眩、煩躁失眠、口乾口渴、體內濕熱等症狀。成熟的桑葚味甜汁多，酸甜適口，深得人們喜愛。但桑葚中含有過敏物質及透明質酸，過量食用後容易發生溶血性腸炎，因此不宜多吃。而且桑葚含糖量高，糖尿病病人應忌食。

夏至

竹枝詞

〔唐〕劉禹錫

楊柳青青江水準，聞郎江上踏歌聲。
東邊日出西邊雨，道是無晴卻有晴。

　　夏至是二十四節氣中最早被確定的節氣之一，此時太陽到達黃經90度，交節時間在6月21日或22日。陳希齡《恪遵憲度》（抄本）：「日北至，日長之至，日影短至，故曰夏至。至者，極也。」夏至這天，太陽直射地面的位置到達一年中的最北端，幾乎直射北回歸線，北半球的白晝達到最長，且越往北晝越長。夏至以後，太陽直射地面的位置逐漸南移，北半球的白晝日漸縮短。

氣候變化

天文學上認為，夏至為北半球夏季的開始。夏至過後，北半球白晝將會越來越短，古人認為是陰氣初動，所以稱「夏至一陰生」，但由於太陽輻射到地面的熱量仍比地面向空中散發的多，熱量收入低於支出，所以夏至還不是一年中最熱的時節。在此後的一段時間內，氣溫將持續升高，直至伏天最熱的時候，民間有「夏至不過不熱」的說法。

夏至以後地面受熱強烈，空氣對流旺盛，午後至傍晚常易形成雷陣雨。這樣的雷陣雨往往雨勢迅猛，來得快去得也快，降雨範圍小，而且臨近地區晴雨可能不同，經常出現「東邊日出西邊雨」的情況，人們稱之「夏雨隔田坎」、「夏雨隔牛背」。

長江中下游和江淮一帶夏至時節正值「梅雨」，這時空氣非常潮濕，冷、暖空氣團在這裡交匯，並形成一道低壓槽，導致陰雨連綿的天氣。

農事活動

民間把夏至後的15天分成3「時」，一般頭時3天，中時5天，末時7天。這期間大部分地區氣溫較高，日照充足，農作物生長旺盛，需水量大。高原牧區則開始了草肥畜旺的黃金季節。此時的降水對農業產量影響很大，有「夏至雨點值千金」之說。《荊楚歲時記》中記載：「六月必有三時雨，田家以為甘澤，邑里相賀。」即見此時雨水的重要性。正常年份，這時長江中下游地區和黃淮地區降水一般可滿足作物生長的要求。

‖ 田間管理 ‖

夏至時的農事勞作主要是田間管理，同時夏播工作要抓緊掃尾。及時灌溉施肥，為農作物補充水分和養分。天氣濕熱，雜草也迅速蔓延，要加強鋤草，防止雜草與農作物爭水、爭肥。農諺就有「夏至棉田快鋤草，不鋤就如

毒蛇咬」之說。已播種的作物要加強管理，出苗後應及時間苗定苗，移栽補缺。雨水多的地區要做好田間清溝排水工作，防止澇漬和暴風雨的危害。

‖ 防洪、抗旱 ‖

夏至節氣時，華南西部雨水量顯著增加，如有夏旱，一般這時可望解除。近三十年來，華南西部6月下旬出現大範圍洪澇的次數雖不多，但程度比較嚴重。因此，要特別注意做好防洪準備。

夏至節氣是華南東部全年雨量最多的節氣，往後常受副熱帶高壓控制，出現伏旱。為了增強抗旱能力，奪取農業豐收，在這些地區，搶蓄伏前雨水是一項重要措施。

傳統習俗

‖ 瞧夏 ‖

民間某些地區夏至日或六月六有「望夏」、「瞧夏」的習俗，此日姻親間多相互問饋。河南《偃師縣風土紀略》云：「六月六日……新婚也於是日攜婦探親，謂之『望夏』。」山西《安澤縣誌》記載：「麥秋後，人家用新麥面蒸饃，作蓮花、如意、蝸牛各形，親友互相過從饋送，名曰『看夏』。蓋取嘗新之義也。」

河南《洛寧縣誌》云：「六月登麥後，具油食、果品之屬行視姻戚家，謂之『瞧夏』。」中國有些地區，此日多有未成年的外甥和外甥女到娘舅家吃飯，舅家必備莧菜和葫蘆做菜，說吃了莧菜，不會發痧，吃了葫蘆，腿裡就有力氣。也有的到外婆家吃醃臘肉，說是吃了就不會疰夏。

‖ 互贈摺扇、脂粉 ‖

夏至時節天氣炎熱，古代婦女們於此時互相贈送摺扇、脂粉等什物，寓意消夏避伏。唐代《酉陽雜俎·禮異》載：「夏至日，進扇及粉脂囊，皆有

辭。」古人贈扇子，藉以生風、生涼；用粉脂塗抹，則可以散發體內所生的
濁氣，防生痱子。

‖ 漠河看極光 ‖

黑龍江漠河市有一年一度的夏至旅遊節。漠河市是中國緯度最高的縣級
市，由於緯度高，漠河地區在夏至時節產生難得一見的極晝現象，時常有北
極光出現，因此人們稱之為「中國的不夜城」、「極光城」。漠河白夜產生
在每年夏至前後的9天中，即6月15日至6月25日期間。此時漠河多出現晴空
天氣，是人們旅遊觀光的最佳季節。

‖ 祭地神、祭祖 ‖

夏至日又稱夏至節，是一個上至官方下至民間都十分重視的節日。古時
帝王要在這天祭祀地神，《周禮·春官》載：「以夏日至，致地示物魅。」
夏至祭神，意為清除荒年、饑餓和死亡。《史記·封禪書》引《周官》說：
「……夏日至，祭地祇。皆用樂章，而神乃可得而禮也。」至清代夏至大祀
方澤仍為國之大典。

民間此日也要祭神祀祖，因為夏至正值麥收之後，人們通過祭祀上蒼和
先祖來慶祝豐收，祈求消災年豐。夏至前後，有的地方舉辦隆重的「過夏
麥」，系古代「夏祭」活動的遺存。

民間食俗

‖ 吃麵 ‖

自古以來，中國民間就有「冬至餛飩夏至麵」的說法，夏至吃麵是很
多地區的重要習俗，《帝京歲時紀勝》載：「京師於是日（夏至）家家俱
食冷淘麵，即俗說過水麵也。乃都門之美品。」說的即是清朝北京夏至吃
麵的習俗。

南北各地的麵條種類不一，南方有陽春麵、乾湯麵、肉絲麵、三鮮麵、過橋麵及麻油涼拌麵等，而北方則是打滷麵和炸醬麵。因夏至麥子已經收割，所以磨麥吃麵也有嘗新的意思。夏至過後，白晝將會越來越短，因此民間有「吃過夏至麵，一天短一線」的說法。

∥ 吃圓糊醮 ∥

有些地區也有夏至吃圓糊醮的，民諺云：「夏至吃了圓糊醮，踩得石頭咕咕叫。」醮坨由米磨粉做成，加韭菜等佐料煮食，又名圓糊醮。以前，很多農戶將醮坨用竹籤穿好，插於每丘水田的缺口流水處，並燃香祭祀，以祈豐收。

∥ 吃狗肉、荔枝 ∥

夏至日吃狗肉和荔枝，是嶺南一帶特別是廣西的欽州、玉林等地有名的節日習俗。玉林甚至還有民間自發形成的「狗肉節」，有「冬至魚生夏至狗」之說。

夏至這天，豪爽好客的玉林市民準備好美酒佳餚，呼朋喚友聚在一起熱熱鬧鬧地歡度夏至。荔枝濕熱、狗肉上火，兩者加到一塊吃無異於火上澆油，然而當地人卻認為二者合著吃是「紅紅火火、旺上加旺」。

還有人認為夏至日狗肉和荔枝合吃不熱，故夏至吃狗肉和荔枝的習慣延續至今。俗語說「吃了夏至狗，西風繞道走」，大意是人只要在夏至日這天吃了狗肉，身體就能抵抗寒冷西風的入侵。正是基於這一良好願望，成就了「夏至狗肉」這一獨特的民間飲食文化。

∥ 吃麥粽、薄餅、餛飩等 ∥

江南夏至食俗一般有麥粽、角黍、李子、餛飩、湯麵等。《吳江縣誌》載：「夏至日，作麥粽，祭先畢，則以相餉。」不僅食麥粽，而且也將麥粽作為禮物，互相饋贈。

夏至日，農家還擀麵為薄餅，烤熟，夾以青菜、豆莢、豆腐及臘肉等，

祭祖後食用，俗謂「夏至餅」，或分贈親友。

無錫等地夏至風俗：早晨吃麥粥、中午吃餛飩，取「混沌和合」之意。有諺語云：「夏至餛飩冬至團，四季安康人團圓。」吃過餛飩，要給孩童秤體重，希望小孩體重增加身體健康。

飲食養生

‖吃涼麵‖

夏至時節吃麵最切合時宜了，這個習俗從古流傳至今。北京人在夏至時節更講究吃麵。按照老北京的風俗習慣，每年一到夏至節氣就可以大啖生菜、涼麵了。因為這個時候氣候炎熱，吃些生冷之物可以降火開胃，又不至於因寒涼而損害健康。南北方各色的麵食種類繁多，無論是涼麵、擔擔麵、紅燒肉麵，還是炸醬麵等，都適合夏日裡食用。

‖吃肉、魚、蛋‖

進入夏至，天氣已經非常炎熱，而暑熱最使人傷津耗氣，加之體表毛細血管擴張，血液大部分集中於體表，胃腸血液相對不足，易使老弱者消化不良，食慾減退。所以，老弱者在夏至以後應多吃清暑益氣、生津、易消化的食物，如紫菜湯、蓮子粥、綠豆粥等。但飲食也不能過於清淡，因為隨著汗水排出的除了水和鹽之外，還有大量的蛋白質和維生素，特別是鈣和鋅也會隨汗液排出來，因此老弱者夏至之時適當吃些瘦肉、魚類、蛋類也是很有必要的。

飲食禁忌

‖ 宜清淡 ‖

「藥王」孫思邈主張「常宜輕清甜淡之物，大小麥曲，粳米為佳」，又說「善養生者常須少食肉，多食飯」。夏至時節在強調飲食清補的同時，勿過鹹、過甜，宜多吃具有祛暑益氣、生津止渴的食物。綠葉菜和瓜果類等水分多的蔬菜水果都是不錯的選擇，如白菜、苦瓜、絲瓜、黃瓜等，都是很好的健胃食物。當然，飲食也不能過於清淡。

‖ 宜食苦 ‖

夏季陽氣盛於外。從夏至開始，陽極陰生、陰氣居於內，所以在夏至後飲食要以清泄暑熱、增進食慾為目的，因此要多吃苦味食物，如苦瓜、苦菜、苦蕎麥、苦杏仁、蒲公英等。炎熱的夏季，人體脾胃功能較差，食慾不振。中醫認為，苦能泄熱，不僅能調節人體的陰陽平衡，還能防病治病，故有「十苦九補」的說法。科學研究也發現，苦味食物中含有氨基酸、維生素、生物鹼等，具有抗菌消炎、解熱、舒張血管、防癌抗癌等作用，並可促進胃酸的分泌，增加胃酸濃度，從而增加食慾。此外，帶苦味的食品中均含有一定的可可鹼和咖啡因，食用後可產生醒腦和舒適輕鬆的感覺，有利於人們從夏日熱煩的心理狀態中鬆弛下來，恢復精力。

‖ 宜食鹼性食物 ‖

夏至時宜食鹼性食物，可保證人體正常的弱鹼性。鹼性飲品有新鮮蔬菜的榨汁、大部分水果鮮榨汁等。它們除了增高體內鹼性，還供給各種營養素，包括多種維生素、礦物質、酶、抗氧化劑、纖維素等。夏至保健也可適當地吃些生薑。俗話說「飯不香，吃生薑」、「冬吃蘿蔔，夏吃薑」、「早上三片薑，賽過喝參湯」，都是對生薑所具有的營養價值和食療作用的精闢

概括。夏季暑熱，多數人食慾不振，而生薑有利於食物的消化和吸收，對於防暑度夏有一定益處。

‖ 飲食不可過寒 ‖

從陰陽學角度看，夏月伏陰在內，飲食不可過寒，如清代葉志詵在《頤身集》中所說：「夏季心旺腎衰，雖大熱不宜吃冷淘冰雪，蜜水、涼粉、冷粥。飽腹受寒，必起霍亂。」心旺腎衰，即外熱內寒之意，因其外熱內寒，故冷食不宜多吃，少則猶可，貪多定會寒傷脾胃，令人吐瀉。西瓜、綠豆湯、烏梅小豆湯，雖為解渴消暑之佳品，但不宜冰鎮食之。

小暑

夏日南亭懷辛大

〔唐〕孟浩然

山光忽西落，池月漸東上。

散髮乘夕涼，開軒臥閑敞。

荷風送香氣，竹露滴清響。

欲取鳴琴彈，恨無知音賞。

感此懷故人，中宵勞夢想。

　　太陽到達黃經105度時為小暑節氣，時間在7月7日或8日。小暑是一個體現天氣炎熱程度的節氣，「小」說明天氣還不是最熱。宋代《月令解・卷五》解釋小暑說：「小暑為六月節者，此見暑之漸也。」俗語也有「小暑不算熱，大暑三伏天」的說法。

氣候變化

《月令七十二候集解》引《說文》曰：「暑，熱也。就熱之中分為大小，月初為小，月中為大，今則熱氣猶小也。」這時大部分地區開始進入一年中最熱的時期，以高溫、濕熱天氣為主。到7月中旬，華南、東南低海拔河谷地區，日平均氣溫可高於30℃，日最高氣溫高於35℃。

‖ 入伏 ‖

一般情況下小暑節氣的標誌為入伏和出梅。「入伏」是進入伏天的意思，「出梅」是指江南梅雨結束。

從夏至日後的第三個庚日起就進入一年中最熱的「三伏」時節了，小暑節氣一般在初伏左右。古人認為此時陰氣將起卻迫於殘留的陽氣而不得出，所以叫「伏」，而人們迫於炎熱也「隱伏避盛暑」。

中國把夏至後第三個庚日起的十天稱為頭伏（初伏），第四個庚日起的十天（有時為二十天）稱為中伏（二伏），立秋後第一個庚日起的十天稱為末伏（三伏），「三伏」共三十天或四十天。每年入伏的時間不固定，中伏的時間長短也不相同，需要查曆書計算。俗以小暑日為斷霉之日，到此黃梅天已過，無蒸濕之患。

‖ 空氣運動 ‖

入伏後，地表濕度變大、每天吸收的熱量多、散發的熱量少，地表層的熱量累積下來，所以一天比一天熱。進入三伏，地面積累熱量達到最高峰，天氣就最熱。另外，夏季雨水多，空氣濕度大，水的熱容量比乾空氣要大得多，這也是天氣悶熱的重要原因。七八月份副熱帶高壓加強，在「副高」的控制下，高壓內部的下沉氣流使天氣晴朗少雲，有利於陽光照射，地面輻射增溫，天氣就更熱。

農事活動

雖然小暑時節暑熱蒸騰讓人感覺很不舒適，但是此時炎熱的天氣對農作物生長有很大的幫助，漢代崔寔《農家諺》有云：「六月弗熱，五穀弗結。」《清嘉錄》也說：「俗又以三伏日宜熱，諺云：『六月不熱，五穀弗結』。」所以農家往往一邊抱怨太熱一邊又盼望天氣再熱些，好滿足莊稼的生長需求。

‖ 田間管理 ‖

小暑前後，除東北與西北地方收割冬、春小麥等作物外，農業生產上主要是田間管理，一方面還是鋤草、施肥。農諺云：「小暑連大暑，鋤草防澇莫躊躇。」此時早稻處於灌漿後期，早熟品種大暑前就要成熟收穫，要保持田間乾濕適宜。中稻已拔節，進入孕穗期，應根據長勢追施穗肥。單季晚稻要及早施好分蘗肥。雙晚秧苗要防治病蟲。另外，盛夏高溫是蚜蟲、紅蜘蛛等多種害蟲盛發的季節，適時防治病蟲是田間管理上的又一重要環節。

‖ 蓄水防旱 ‖

小暑開始，長江中下游地區一般為副熱帶高壓控制，高溫少雨，常常出現「伏旱」天氣，對農業生產影響很大，及早蓄水防旱十分重要。農諺云：「伏天的雨，鍋裡的米。」這時如果有雷雨，熱帶風暴或颱風帶來的降水雖對水稻等作物生長十分有利，但有時也會給棉花、大豆等旱作物及蔬菜造成不利影響。

傳統習俗

‖ 伏日祭祀 ‖

伏日祭祀，遠在先秦已見著錄。古書上說，伏日所祭，「其帝炎帝，其神祝融」。炎帝傳說是太陽神，祝融則是炎帝玄孫火神。傳說炎帝叫太陽發出足夠的光和熱，使五穀孕育生長，從此人類不愁衣食。人們感謝他的功德，便在最熱的時候紀念他。因此就有了「伏日祭祀」的傳說。

‖ 天貺節 ‖

六月初六是小暑節氣裡一個比較重要的節日，關於此日習俗有許多種說法。這天被稱為「天貺節」。據史書記載，此節始於宋代哲宗朝。「貺」即「賜」，即天賜之節。此日皇帝向群臣賜冰和炒麵，因為皇帝是九五之尊，故稱天貺。《晉書·樂志上》：「天貺來下，人祗動色，抑揚周監，以弘雅音。」

史料記載，宋真宗恥於屈辱的澶淵之盟，想要借天瑞封禪於泰山等地，以懾服民眾、威震四方。於是假託夢見神明，神明於正月、六月兩次降天書於京師、泰山。大中祥符四年（西元1011年），宋真宗下詔定第二次降天書的六月六日為天貺節，並於岱廟修築天貺殿。這天京師要禁屠，皇帝親率百官行香於上清宮。

‖ 百索子擱上屋 ‖

六月六日的民俗還有「百索子擱上屋」。相傳牛郎星和織女星被銀河分隔在兩岸，一年中只有七月初七這一天可以相會。但在他們中間卻橫阻著一條銀河，又沒有渡船，所以六月六日這一天，天下的兒童多要將端午節戴在手上的「百索子」擱上屋讓喜鵲銜去，在銀河上架起一座像彩虹一樣美麗的橋，以便牛郎和織女相會。此俗寄予了人們渴望有情人成眷屬的浪漫美好的願望。

‖ 曬伏、曬經 ‖

相傳六月六日還是龍宮曬龍袍的日子，這天皇宮裡的全部鑾駕要陳列出來曝曬，宮內的檔案、實錄、禦制文集等，也要擺在庭院中通風晾曬。

民間則在此日曬各種各樣的物品。氣溫高、日照時間長，陽光輻射強的天氣裡很適合曬東西。如果天氣晴好，家家戶戶都會不約而同地選擇這一天「曬伏」，就是把存放在箱櫃裡的衣服、書籍等晾到外面接受陽光的曝曬，以去潮，去濕，防霉防蛀。

寺廟裡也要拿經書出來曬，俗稱「曬經」。各地大大小小的寺廟道觀會在這一天舉行「晾經會」，把所存經書統統擺出來晾曬，以防經書潮濕、蟲蛀鼠咬。

‖ 煮麥仁湯給牛喝 ‖

天氣酷熱，動物也需要「優待」。在古代農耕社會中，牛是最重要的生產工具，因此被看得十分重要。北方一些地方習慣在伏日煮麥仁湯給牛喝，說是牛喝了身子壯、能幹活，不淌汗。俗語說：「春牛鞭，舐牛漢（公牛），麥仁湯，舐牛飯，舐牛喝了不淌汗……。」

民間食俗

‖ 吃餃子 ‖

俗語說：「頭伏餃子，二伏面，三伏烙餅攤雞蛋。」頭伏吃餃子是傳統習俗，伏日人們食慾不振，往往比常日消瘦，俗謂之「苦夏」。而餃子在傳統習俗裡正是開胃解饞的食物。

‖ 吃伏羊 ‖

江蘇徐州人入伏吃羊肉，稱為「吃伏羊」，據說這種習俗可追溯到堯舜時期。在民間有「彭城（即今徐州）伏羊一碗湯，不用神醫開藥方」的說

法。當地還有「六月六接姑娘，新麥餅羊肉湯」之說。

‖ 吃湯麵 ‖

伏日吃麵習俗至少三國時期就已開始了。東晉史家孫盛撰寫的《魏氏春秋》記載：「伏日食湯餅，取巾拭汗，面色皎然。」這裡的湯餅就是熱湯麵。《荊楚歲時記》也記載：「六月伏日食湯餅，名為避惡。」

‖ 吃過水麵和炒麵 ‖

伏天還有吃過水麵和炒麵的習俗。所謂炒麵是用鍋將麵粉炒乾炒熟，然後用水加糖拌著吃。這種吃法漢代已有，唐宋時更為普遍，不過那時是先炒熟麥粒，然後再磨成麵食之。人們認為夏季吃炒麵可解煩熱、止泄。

飲食養生

小暑時節養生仍要「養心」。心為五臟六腑之首，有「心動則五臟六腑皆搖」之說，心臟的養護尤為重要。天氣炎熱，人們躁動不安，容易犯睏。中醫認為，平心靜氣可以舒緩緊張的情緒，使心情舒暢、氣血和緩，有助於心臟機能的旺盛。所以，對應這一時節的特點，應該根據季節與五臟的對應關係，養護好心臟，以符合「春夏養陽」的原則。

‖ 宜清淡，少辛辣油膩 ‖

此時的飲食仍應以清淡為主，少食辛辣油膩之品。如綠豆百合粥具有清熱解毒、利水消腫、消暑止渴、降膽固醇、清心安神和止咳的功效。南瓜綠豆粥同樣具有清暑解毒、生津益氣的功效。

蔬菜應多食綠葉菜及苦瓜、絲瓜、南瓜、黃瓜等，水果則以西瓜為好。吃水果還有益於防暑，但是不要食用過量，以免增加腸胃負擔，嚴重的會造成腹瀉。

‖ 少吃寒涼食物 ‖

小暑期間，應少吃寒涼性質的食物，中醫有句名言：「形寒飲冷則傷肺。」患有胃腸道疾病的人群，此節氣要注意飲食的合理科學。如慢性胃炎、慢性腸炎的人們要注意飲食有規律，不要暴飲暴食，還要注意飲食衛生，防止腸道傳染病的發生。同時應少食寒涼之物，以免加重病情。

庚日計伏

古代用天干、地支記載時間。天干有十個，為甲、乙、丙、丁、戊、己、庚、辛、壬、癸；地支有十二個，為子、丑、寅、卯、辰、巳、午、未、申、酉、戌、亥。把天干與地支相配，就得甲子、乙丑、丙寅、丁卯等等，這樣交叉配合每60次，為一個週期，故稱六十花甲子。這樣的用法據研究已有兩千七百多年的歷史，據甲骨文研究是在春秋時期魯隱公三年（西元前722年）元月二日己巳日開始，至今從未錯記，是中國曆法史上的一個奇跡。

「伏」，乃是藏陰氣於熾熱之中的意思，具有警示作用。伏天的說法據說歷史相當久遠，起源於春秋時期的秦國。「庚」，在天干中排列第七，在與五行搭配中屬金。金怕火，在數伏天氣中逐日消減，因此古人以庚日來計「伏」。

把夏至後第三個庚日起作為入伏的標誌，「三庚」就是從夏至起的三個「庚」日，到第三個庚日為初伏。《幼學瓊林》中說：「初伏日是夏至第三庚。」由於天干有十個，所以每隔十天就出現一個庚日，如庚子日、庚寅日、庚辰日等。一年365天（閏年366天）都不是10的整數倍，今年的某一天是庚日，明年就不一定是庚日。由於庚日的變化不定，所以每年入伏的日期不盡相同，需要查曆書計算。

三伏中初伏、末伏各10天，中伏天數則不固定，一般年份，每伏10天，三伏共30天。夏至到立秋之間有4個庚日時，中伏為10天；有5個庚日時，中伏為20天。這就是庚日計伏。

大暑

水深火熱，龍口奪食

曉出淨慈寺送林子方

〔宋〕楊萬里

畢竟西湖六月中，風光不與四時同。
接天蓮葉無窮碧，映日荷花別樣紅。

7月22日或23日交大暑節氣，此時太陽位於黃經120度。古人說「大暑乃炎熱之極也」，一個「極」字充分說明暸此時天氣的炎熱程度。大暑是一年中溫度最高的時期。黃奭《通緯・孝經援神契》（《黃氏逸書考》）：「小暑後十五日斗指未為大暑，六月中。小大者，就極熱之中，分為大小，初後為小，望後為大也。」

氣候變化

‖ 日照多，氣溫高 ‖

大暑節氣一般處在「三伏」裡的「中伏」階段，是一年中日照最多、氣溫最高的時期，大部分地區乾旱少雨，許多地區的氣溫高達35℃以上，40℃的酷熱也不鮮見。有「冷在三九，熱在中伏」之說。

大暑節氣時，中國除青藏高原及東北北部外，大部分地區天氣炎熱，35℃的高溫已是司空見慣。著名的三大火爐：南京、武漢、重慶，在大暑前後也是爐火最旺。比「三大火爐」更熱的地方還有很多，如安徽安慶、江西九江等。當然最熱的「火爐」，要屬新疆的「火焰山」——吐魯番。大暑前後，當地下午的氣溫常在40℃以上。

‖ 伏旱 ‖

大暑時長江中下游等地常出現高溫伏旱，蘇、浙、贛等地區處於炎熱少雨的季節，滴雨似黃金，農諺有「小暑雨如銀，大暑雨如金」的說法。如果大暑前後出現陰雨，則預示以後雨水多，有「大暑有雨多雨，秋水足；大暑無雨少雨，吃水愁」之說。

實際上，伏旱並非年年都有。若遇盛夏副熱帶高壓較弱，位置偏南或長江中下游地區有一兩場颱風降雨，或時不時有些雷陣雨，就不會出現大範圍伏旱。

農事活動

‖ 喜濕作物生長 ‖

此時玉米開始拔節抽雄，中稻此間進入孕穗期，大豆也開花結豆莢了。驕陽似火，熱氣蒸騰，陰雨天氣時，天氣悶得讓人喘不過氣來。七十二物候

中大暑的第二候「土潤溽暑」就充分說明了這一時節的天氣狀況。

　　土壤高溫濕潤，對農作物的生長十分有利，特別是喜濕性的作物生長非常快。大暑期間的高溫是正常的氣候現象，此時，如果沒有充足的光照，喜溫的水稻、棉花等農作物生長就會受到影響。但連續出現長時間的高溫天氣，則對水稻等作物成長十分不利。長江中下游地區有這樣的農諺：「五天不雨一小旱，十天不雨一大旱，一月不雨地冒煙。」

　　此時如果雨水充足，則預示著豐收，農諺云：「伏裡多雨，囤裡多米」、「伏天雨豐，糧豐棉豐」、「伏不受旱，一畝增一擔」。但是由於氣溫高，蒸發極快，特別是長江中下游地區正值伏旱期，要及時灌溉，使土壤保持充足的水分，以滿足農作物的生長需求。

｜收稻插秧｜

　　南方有的地區早稻已經是「禾到大暑日夜黃」了。適時地收穫早稻，不僅可減少後期風雨造成的危害，確保豐產豐收，而且可使雙晚稻即時栽插，爭取足夠的生長期。此時要根據天氣的變化，靈活安排，晴天多割，陰天多栽，在7月底以前栽完雙晚，最遲不能遲過立秋，以躲避秋寒的危害。既要收割又要插秧，農事緊張程度不亞於芒種時節。

　　酷熱的天氣裡搶收搶種無異於「龍口奪食」。農諺云「早稻搶日，晚稻搶時」、「雙晚不插八月秧」等，可見農時不容許片刻的耽誤。

｜播種蔬菜｜

　　伏天還是播種蔬菜的最好時節，農諺就有「頭伏蘿蔔二伏芥，三伏裡頭種白菜」、「頭伏蘿蔔二伏菜，三伏還能種蕎麥」之說。

　　已出苗的蔬菜要注意灌溉得當。澆水直接決定著蔬菜的長勢、產量及品質。夏季溫度高，土壤和植株蒸騰水分快，易乾旱，影響蔬菜生長並容易誘發病毒，若澆水不當，亦會導致生理性病害的發生。

　　夏季蔬菜澆水應注意「三不要」：一不要中午澆水。中午澆水很容易導

致蔬菜根系遇冷水刺激後出現「炸」根現象，從而造成蔬菜大幅減產，因此在上午10點以前澆水，既能達到降溫效果，又不至於對蔬菜根系造成傷害。

二不要大水漫灌，尤其是怕澇的甜椒、番茄等作物。大水漫灌田間易積水，根系在無氧環境下呼吸受到抑制，容易發生漚根，根系腐爛，葉片變黃，嚴重影響果實產量，甚至導致整棵植株死亡。

三不要忽乾忽濕。茄果類、瓜類蔬菜結果期，忽乾忽濕易裂果。這是因為土壤乾旱缺水時果實的膨大受到抑制，一旦澆水過多，果實迅速吸水，膨果速度加快，尤其是果肉部分吸水量大，果皮生長速度相對較慢，這樣很容易發生裂果。

傳統習俗

‖ 送大暑船 ‖

大暑送「大暑船」活動在浙江台州沿海已有幾百年的歷史。「大暑船」按照舊時的三桅帆船縮小比例後建造，船內載各種祭品。活動開始後，50多名漁民輪流抬著「大暑船」在街道上行進，鼓號喧天，鞭炮齊鳴，街道兩旁站滿祈福人群。「大暑船」最終被運送至碼頭，進行一系列祈福儀式。隨後，這艘「大暑船」被漁船拉出漁港，然後在大海上點燃，任其沉浮，以此祝福人們五穀豐登，生活安康。

‖ 過半年節 ‖

大暑前後就是農曆六月十五日，臺灣也叫「半年節」，在這一天拜完神明後全家要一起吃「半年圓」。半年圓是用糯米磨成粉再和上紅麵搓成的，大多會煮成甜食來品嘗，象徵團圓與甜蜜。

‖ 賞荷 ‖

大暑所在的陰曆六月也稱「荷月」，此月民間多有賞荷的習俗。天津、

江蘇、浙江等地以六月二十四為「荷花生日」，到那一天人們多結伴遊湖賞荷。在江蘇南京、蘇州，當日觀賞荷花。若遇雨而歸，常蓬頭赤足，故有「赤足荷花蕩」的戲稱。浙江嘉興在「荷花生日」當天作賞花會，乘遊舫暢遊南湖。在四川鹽源，人們多沿襲古俗以蓮子相互饋贈。其他地方如河北的雄縣、河南的羅山，則在六月初六起賞荷，仲秋後方結束。

荷花常以其「出淤泥而不染，濯清漣而不妖」的高尚品質自古以來被廣為稱頌。因此在荷月賞蓮，不僅可以賞心，還可以陶冶情操，頤養性情。

民間食俗

‖ 喝暑羊 ‖

大暑節氣「喝暑羊」與江蘇徐州小暑「吃伏羊」相似。山東不少地區有在大暑到來這一天「喝暑羊」（即喝羊肉湯）的習俗。人們認為三伏天喝羊湯，同時把辣椒油、醋、蒜喝進肚裡，吃得全身大汗淋漓，可以帶走五臟積熱，同時排出體內毒素，有益健康。

‖ 過大暑 ‖

在大暑節這天，福建莆田人家有吃荔枝、羊肉和米糟的習俗，叫作「過大暑」。親友之間常以荔枝、羊肉為禮品互相贈送。浙江台州椒江人還有此日吃薑汁調蛋的風俗，薑汁能去除體內濕氣，薑汁調蛋「補人」；也有老年人喜歡吃雞粥，謂能補陽。

‖ 吃仙草 ‖

廣東很多地方在大暑時節有「吃仙草」的習俗。仙草又名涼粉草、仙人草，是重要的藥食兩用植物，由於其神奇的消暑功效，被譽為「仙草」。民諺云：「六月大暑吃仙草，活如神仙不會老。」其莖葉曬乾後可以做成「燒仙草」，廣東一帶叫涼粉，是一種消暑的甜品。燒仙草也是臺灣著名的小吃

之一，有冷、熱兩種吃法，同樣具有清熱解毒的功效。

飲食養生

‖ 冬病夏治 ‖

大暑是全年溫度最高、陽氣最盛的時節，在養生保健中常有「冬病夏治」的說法，故對於那些每逢冬季發作的慢性疾病，如慢性支氣管炎、肺氣腫、支氣管哮喘、腹瀉、風濕等病症，是最佳的治療時機。有上述慢性病的人在夏季養生中尤其應該細心調養，重點防治。

俗語說「冬吃蘿蔔夏吃薑」，夏季吃薑有助於驅除體內寒氣。但吃薑的時間也有講究，最好不要在晚上吃，俗語說「早吃薑賽參湯，晚吃薑賽砒霜」。薑是陽性的食物，早上吃了能夠提神，晚上則影響睡眠，如果陰虛的人吃了還會加重自汗盜汗，更加影響健康。

‖ 吃藥粥 ‖

大暑節氣的飲食調養要以暑天的氣候特點為基礎，由於氣候炎熱，易傷津耗氣，因此可選用藥粥滋補身體，如綠豆南瓜粥、苦瓜菊花粥等。也可以在粥中加入新鮮的藿香葉、薄荷葉、佩蘭等。《黃帝內經》有「藥以去之，食以隨之」、「穀肉果菜，食養盡之」的論點。

醫家李時珍推崇藥粥養生，他說：「每日起食粥一大碗，空腹虛，穀氣便作，所補不細，又極柔膩，與腸胃相得，最為飲食之妙也。」藥粥對老年人、兒童、脾胃功能虛弱者都是適宜的。所以，古人稱「世間第一補人之物乃粥也」、「日食二合米，勝似參芪一大包」。

藥粥雖說對人體有益，也不可通用，要根據不同體質，選用適當的藥物，配製成粥方可達到滿意的效果。

‖吃苦味食物‖

此時飲食宜多吃苦味以及健脾利濕的食物。苦味食物不僅清熱，還能解熱祛暑、消除疲勞。所以大暑時節，適當吃點苦瓜、苦菜、苦蕎麥等苦味食物，可健脾開胃、增進食慾，不僅讓濕熱之邪敬而遠之，還可預防中暑。此外，苦味食物還可使人產生醒腦、輕鬆的感覺，有利於人們在炎熱的夏天恢復精力和體力，減輕或消除全身乏力、精神萎靡等不適。

‖喝解暑湯‖

綠豆湯是中國傳統的解暑食物，除了脾胃虛寒及體質虛弱者均可放心食用。此外，像荷葉、西瓜、蓮子、冬瓜等也具有很好的清熱解暑作用。扁豆、薏仁具有很好的健脾作用，是脾虛患者的夏日食療佳品。

‖吃補氣食物‖

大暑天氣酷熱，出汗較多，容易耗氣傷陰，此時，人們常常是「無病三分虛」。因此還應吃一些益氣養陰且清淡的食物以增強體質，如山藥、大棗、海參、雞蛋、牛奶、蜂蜜、蓮藕、木耳、豆漿、百合粥、菊花粥等。

秋詞　劉禹錫

自古逢秋悲寂寥，我言秋日勝春朝。

晴空一鶴排雲上，便引詩情到碧霄。

劉禹錫，字夢得，唐代中晚期著名詩人，有「詩豪」之稱。這首詩通過歌頌秋天的壯美，表達了作者在政治上受到挫折後依舊傲然向前，不願消沉、不願與世俗同流合污的高遠品格。開篇指出自古以來人們對秋天的情結——寂寞、蕭索、悲涼，然後表明自己對秋日的態度——秋天勝過春天。白鶴淩空直沖雲霄，看到這一壯美的情境，作者心中詩情也被激發出來，也像白鶴淩空一樣直沖到雲霄去了，字裡行間作者那不甘消沉的樂觀向上的精神，和昂揚奮發的鬥志呼之欲出，躍然紙上。

立秋

早上立了秋，晚上涼颼颼。

立秋早晚涼，中午汗濕裳。

早晨立秋涼颼颼，晚上立秋熱死牛。

立秋三場雨，夏布衣裳高擱起。

立秋三場雨，秕稻變成米。

處暑後風雨　仇遠

疾風驅急雨，殘暑掃除空。

因識炎涼態，都來頃刻中。

紙窗嫌有隙，紈扇笑無功。

兒讀秋聲賦，令人憶醉翁。

仇遠，字仁近，一字仁父，自號山村居士，元代文學家、書法家。這首詩描寫處暑節氣之後，不期而至的一場大雨一掃夏日暑氣，作者從天氣無常變化聯想到人生無常，多少有些無奈之情。

處暑

處暑處暑，熱死老鼠。

處暑天不暑，炎熱在中午。

處暑天還暑，好似秋老虎。

處暑若還天不雨，縱然結子難保米。

處暑谷漸黃，大風要提防。

處暑高粱遍地紅。

處暑高粱遍拿鐮。

處暑高粱白露穀。

處暑栽白菜，有利沒有害。

處暑就把白菜移，十年准有九不離。

處暑三日割黃穀。

處暑十日忙割穀。

處暑收黍，白露收穀。

處暑好晴天，家家摘新棉。

蝶戀花・檻菊愁煙蘭泣露　晏殊

檻菊愁煙蘭泣露，羅幕輕寒，燕子雙飛去。

明月不諳離恨苦，斜光到曉穿朱戶。

昨夜西風凋碧樹，獨上高樓，望盡天涯路。

欲寄彩箋兼尺素，山長水闊知何處！

晏殊，字同叔，北宋初期婉約詞的重要作家。此為晏殊寫閨思的名篇，寫離恨相思之苦，疏澹的筆墨、溫婉的格調、謹嚴的章法，傳達出了作者暮秋懷人的深厚感情。上片運用移情於景的手法，選取眼前的景物，注入主人公的感情，點出離恨；下片承離恨而來，通過高樓獨望把主人公望眼欲穿的神態生動地表現出來。全詞深婉中見含蓄，廣遠中有蘊涵。

白露

露水見晴天。

白露秋分夜，一夜涼一夜。

草上露水凝，天氣一定晴。

草上露水大，當日准不下。

夜晚露水狂，來日毒太陽。

喝了白露水，蚊子閉了嘴。

白露播得早，就怕蟲子咬。

白露種高山，秋分種河灣。

別說白露種麥早，要是河套就正好。

白露滿地紅黃白，棉花地裡人如海。

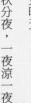

秋夜詩　沈約

月落宵向分，紫煙鬱氛氳。

曀曀螢入霧，離離雁出雲。

巴童暗理瑟，漢女夜縫裙。

新知樂如是，久要詎相聞。

沈約，字休文，南朝史學家、文學家。這首詩第一句就點明了寫作時節，由於秋分已是深秋，秋高氣爽，全詩表現出一種從容的心情。

秋分

二、八月，晝夜平。

秋分秋分，晝夜平分。

白露早，寒露遲，

秋分種麥正當時。

勿過急，勿過遲，

秋分種麥正適宜。

秋分見麥苗，寒露麥針倒。

寒露麥粒一道溝。

秋分麥粒圓溜溜，

秋分前十天不早，

秋分後十天不晚。

秋興八首（節錄）　杜甫

玉露凋傷楓樹林，巫山巫峽氣蕭森。

江間波浪兼天湧，塞上風雲接地陰。

叢菊兩開他日淚，孤舟一系故園心。

寒衣處處催刀尺，白帝城高急暮砧。

《秋興八首》之一，是杜甫滯留夔州時所作的一組七言律詩，這八首詩是一個完整的樂章，命意蟬聯而又各首自別，時代苦難，羈旅之感，故園之思，君國之慨，雜然其中，歷來被公認為杜甫抒情詩中，沉實高華的藝術精品。這首詩是第一首，領起的序曲，作者用鋪天蓋地的秋色，將渭原秦川與巴山蜀水聯結起來，寄託自己的故園之思；用滔滔不盡的大江，把今昔異代聯繫起來，寄寓自己撫今追昔之感。詩中那無所不在的秋色，籠罩了無限的宇宙空間；而它一年一度如期而至，又無言地昭示著自然的歲華搖落，宇宙的時光如流，人世的生命不永。

寒露

吃了寒露飯，單衣漢少見。

白露穀，寒露豆。

寒露霜降麥歸土。

寒露前後看早麥。

秋分種蒜，寒露種麥。

寒露到，割晚稻；
霜降到，割糯稻。

寒露不摘煙，霜打甭怨天。

寒露不刨蔥，必定心裡空。

要得苗兒壯，寒露到霜降。

寒露到霜降，種麥莫慌張。

霜降到立冬，種麥莫放鬆。

寒露收豆，花生收在秋分後。

豆子寒露使鐮鉤，地瓜待到霜降收。

山行　杜牧

遠上寒山石徑斜，白雲生處有人家。
停車坐愛楓林晚，霜葉紅於二月花。

杜牧，字牧之，唐代詩人。這首詩以楓林為主景，繪出了一幅色彩熱烈、豔麗的山林秋色圖。遠上秋山的石頭小路，首先給讀者一個遠視。山路的頂端是白雲繚繞而不虛無縹緲，寒山蘊含著生氣，「白雲生處有人家」一句就自然成章。然而這只是在為後兩句蓄勢，接下來告訴讀者，那麼晚了我還在山前停車，只是因為眼前這滿山如火如荼、勝於春花的楓葉。

霜降

今夜霜露重，明早太陽紅。

風大夜無露，陰天夜無霜。

嚴霜出毒日，霧露是好天。

輕霜棉無妨，酷霜棉株僵。

時間到霜降，種麥就慌張。

霜降收薯正適宜。

寒露早，立冬遲，

秋雨透地，降霜來遲。

晚稻就怕霜來早。

嚴霜單打獨根草。

霜重見晴天。

濃霜毒日頭。

霜後暖，雪後寒。

夏雨少，秋霜早。

立秋

一枕新涼一扇風

立秋

〔宋〕劉翰

乳鴉啼散玉屏空，一枕新涼一扇風。
睡起秋聲無覓處，滿階梧葉月明中。

　　立秋節氣在8月7日或8日交節，此時太陽到達黃經135度。《月令七十二候集解》載：「秋，揪也，物於此而揪斂也。」立秋標誌著炎熱的夏天即將過去，秋天隨之而來。曆書曰：「斗指西南維為立秋，陰意出地始殺萬物，按秋訓示，穀熟也。」立秋後天高氣爽，月明風清，氣溫由熱逐漸下降，穀物成熟。

氣候變化

立秋和立春、立夏一樣，並不是真正秋天的到來。按照氣象學的劃分，連續五天的平均氣溫降到22℃以下才算是秋季的開始。依照這樣的標準，中國最早入秋的黑龍江、新疆等地是在8月中旬，華北大部分地區也要在9月初，江淮地區一般要在9月中旬，江南要到10月初才能感覺到涼意。差不多到11月上中旬，秋的資訊才到達雷州半島，而當秋的腳步到達「天涯海角」的海南時已快到新年元旦了。因此，除長年皆冬和春秋相連的無夏區外，中國很少有在立秋節氣就進入秋季的地區。

立秋後氣溫並不是迅速下降，而是有可能繼續升高，俗話說「秋後一伏，曬死老牛」。立秋後第一個庚日為末伏，是一年中最熱的三伏天的末尾階段。這時早晚可能有點涼風，中午氣溫仍十分高。這一時節雨水相對較少，地表溫度甚至可能超過頭伏和二伏，所以人們形象地把這一時期的天氣叫作「秋老虎」。

立秋之後雖然還有「秋老虎」肆虐，但氣溫的整體趨勢是漸漸轉涼，俗語說「清早立了秋，晚上涼颼颼」、「立秋早晚涼，中午汗濕裳」，也有「立秋一日，水冷三分」之說。

但是立秋時間的早晚又有很大區別，所謂「早立秋冷颼颼，晚立秋熱死牛」。七十二物候中立秋初候涼風至，二候寒露降，早晚有了涼風和露氣就表明天氣開始逐漸轉涼了，所以立秋節氣可看作是涼爽季節的開始。

農事活動

立秋也預示著草木開始結果孕子，收穫季節就快要到了。從字面上解，「秋」從禾與火，其含義實際上就是莊稼快成熟的意思。在山西榆次，就有「立了秋，掛鋤鉤，消消閒，等秋收」的農諺。立秋以後，中部地區早稻就

可以收割了，北方地區也有「立秋果，處暑桃」之說，在山東、上海等地則是「立秋十日吃早穀」，安徽等地是「立秋摘花椒，白露打核桃」。此時各種春播、夏播作物開始逐漸進入成熟階段。

‖ 晚秋作物成熟 ‖

立秋前後大部分地區氣溫仍然較高，各種農作物生長旺盛，中稻開花結實、單晚（單季晚稻）圓稈、大豆結莢、玉米抽雄吐絲、棉花結鈴、甘薯薯塊迅速膨大，對水分要求都很迫切，此期受旱會給農作物最終收成造成難以補救的損失。所以有「立秋三場雨，秕稻變成米」、「立秋雨淋淋，遍地是黃金」之說。這時適當的降水既有利於晚秋作物的成熟，又有利於作物播種，給晚秋作物施肥也很重要。

‖ 栽晚穀 ‖

立秋還是許多作物播種的時機。「立秋栽晚穀」，晚稻可以移栽到田裡了。「頭伏芝麻二伏豆，晚粟種到立秋後」，晚季小米在立秋之後還可以播種。其他像綠豆、大白菜、大蔥、芋頭等可以趕在立秋前後搶種。

尤其是華北地區的大白菜要抓緊播種，以保證在低溫來臨前有足夠的熱量條件，爭取高產優質。播種過遲，生長期縮短，菜棵生長小且包心不堅實。立秋時節芝麻卻是不可以種的，農諺云：「立秋種芝麻，老死不開花。」因此要掌握好農時，適時播種才能有好的收成。

‖ 翻耕 ‖

立秋時節，雙季晚稻生長在氣溫由高到低的環境裡，必須抓緊當前溫度較高的有利時機、追肥耘田，加強管理。茶園秋耕也要儘快進行，農諺說「七挖金，八挖銀」，此時正值秋茶生長的季節，而對茶園的翻耕不僅可以提高秋茶的產量和品質，還能清除雜草，為來年的春茶儲備足夠的養分。

‖ 除草 ‖

農曆七月，雜草生長茂盛，一直和茶樹爭搶養分，影響七月的茶葉產量。但是經過茶農的深翻除草之後，埋入茶樹根部的雜草可以作為一種很好的自然肥料被茶樹吸收，這也是自然反哺的一種很好的形式。而如果到了農曆八月才耕田，秋茶的頭撥已完，這樣就流失掉了秋季的大部分好茶，所以也有「八挖銀」之說。

傳統習俗

‖ 立秋節 ‖

立秋節，也稱七月節，因在農曆七月，故名。「四立」之日季節轉換之時一向是歷代帝王十分重視的日子。周代天子於立秋日要親率諸侯大夫，到西郊迎秋，並舉行祭祀少皞、蓐收的儀式。少皞和蓐收，二者都為司秋之神，掌管秋收秋藏。

漢代仍承此俗。《後漢書·祭祀志》記載：「立秋之日，迎秋於西郊，祭白帝蓐收，車旗服飾皆白……。」《後漢書·禮儀志》又說：「立秋之日，自郊禮畢，始揚威武，斬牲於郊東門，以薦陵廟。」殺獸以祭，表示秋來揚武之意。

到了唐代，每逢立秋日，也祭祀五帝，《新唐書·禮樂志》記載：「立秋立冬祀五帝於四郊。」

‖ 乞巧節 ‖

農曆七月初七在立秋前後。七月初七又稱七夕節、乞巧節、女節，民間相傳牛郎織女於此日在天河相會。青年男女這天晚上在庭中月下陳列瓜果，祭拜牛郎織女，以求愛情圓滿。古代婦女在這天乞巧，有拜織女、穿針驗巧、種生求子、喜蛛應巧等習俗。

拜織女這個習俗是少女、少婦們的專利。在七夕即將到來的時候，她們會約上五六個好朋友，一起拜織女。七夕之夜，月光之下桌子上擺一些酒、水果、茶等祭品和插上鮮花的瓶子，在花前擺一個小香爐，大家會在香爐前祭拜織女，希望自己的願望早日實現。

　　明朝何景明《七夕》詩說：「楚客羈魂驚巧夕，燕京風俗鬥穿針。」宮女立秋日登上九引台用五彩絲穿九尾針，先穿完者為得巧，遲完者謂之輸巧，各出資以贈得巧者。投針驗巧的習俗是通過穿針乞巧這個習俗演變過來的，但是它與穿針不一樣，這種習俗在明、清兩代比較流行。

　　《直隸志書》載：「七月七日，婦女乞巧，投針於水，借日影以驗工拙，至夜仍乞巧於織女。」在《帝京景物略》中記載的是：「七月七日之午丟巧針。婦女曝盎水日中，頃之，水膜生面，繡針投之則浮，看水底針影。有成雲物花頭鳥獸影者，有成鞋及剪刀水茄影者，謂乞得巧；其影粗如錘、細如絲、直如軸蠟，此拙征矣。」

　　種生求子是七夕習俗之中比較有特色的。在七夕前幾天，人們會在小木板上鋪一層土，在上面撒上粟米種子，然後讓它長出芽來，再在上面擺上一些小房子之類的東西，把它佈置成村莊的樣子，這就是種生求子的一種方式。如果人們覺得這種方式比較麻煩，還有一種方法就是把綠豆、小豆、小麥等浸於瓷碗中，待它長出芽，再以紅、藍絲繩紮成一束，稱為「種生」。

　　五代王仁裕《開元天寶遺事》記載：「七月七日，各捉蜘蛛於小盒中，至曉開；視蛛網稀密以為得巧之候。密者言巧多，稀者言巧少。」到了宋代，周密《乾淳歲時記》也說：「以小蜘蛛貯盒內，以候結網之疏密為得巧之多久。」由此可見，歷代蜘蛛織網驗巧的標準不同，南北朝視網之有無，唐五代視網之稀密，宋視網之圓正，後世多遵唐俗。

　　無論是瓜果祭拜還是乞巧等習俗都是十分盛大的，南宋劉克莊《即事詩》其五就說「粵人重巧夕，燈火到天明」，可見人們對七夕節的珍愛。

‖ 移栽梧桐 ‖

古時以立秋作為秋季的開始。據記載，宋時立秋這天皇宮裡要把栽在盆中的梧桐移入殿內，等到「立秋」時辰一到，太史官便高聲奏道：「秋來了！」奏畢，梧桐應聲落下一兩片葉子，以寓報秋之意。

‖ 戴楸葉 ‖

宋代民間立秋之日男女都戴楸葉，以應時序。有以石楠紅葉剪刻花瓣簪插鬢邊的風俗，也有以秋水吞食小赤豆七粒的風俗，明承宋俗。清代在立秋節這天，懸秤稱人，和立夏日所稱之數相比，以驗夏中之肥瘦。1949年以前的農村，在立秋這天的白天或夜晚，有預卜天氣涼熱之俗，還有以西瓜、四季豆嘗新、奠祖的風俗。又有在立秋前一日，陳冰瓜，蒸茄脯，煎香薷飲等俗。在四川等地，立秋交節之時，全家人要共飲一杯清水，俗說此舉能把積暑消除，保證秋季沒有腹瀉等疾病。

‖ 曬秋 ‖

每年立秋，隨著果蔬的成熟，江西婺源篁嶺古村開始進入「曬秋」最盛的季節。「曬秋」從六月初六一直持續到九月初九，是一種典型的農俗現象，具有極強的地域特色。

在湖南、江西、安徽等山區，由於地勢複雜，村莊平地極少，為防止農作物發霉，當地村民只好利用房前屋後及自家窗臺、屋頂架曬或掛曬農作物，久而久之就演變成一種農俗現象。每當作物成熟後的晴朗天氣裡，在整個山間村落的徽式民居的土磚外牆、曬架上、圓圓曬匾裡都堆滿了五顏六色的豐收果實，有火紅的辣椒、金黃的南瓜、灰綠的粽葉、碧綠的青菜，與灰瓦、白牆、綠樹相映成趣，使人彷彿走進了一幅幅色彩斑斕又壯闊美麗的油畫。

篁嶺景區為了吸引遊客，每年都會舉辦盛大的「曬秋節」，這種朝曬暮收晾曬農作物的特殊生活方式和場景，逐步成了畫家、攝影師創作的素材，並塑造出詩意般的「曬秋」稱呼。

∥ 貼秋膘 ∥

民間流行立秋之日「貼秋膘」的習俗。人們在立秋這天懸秤稱人,將體重與立夏時對比。因為人到夏天,沒有什麼胃口,飯食清淡簡單,兩三個月下來,體重大都要下降。秋風一起,人們胃口大開,想吃點好的補償一下夏天的損失,補的辦法就是「貼秋膘」:在立秋這天做出各種各樣的肉菜,如燉肉、烤肉、紅燒肉等等,吃得滿嘴流油,謂之「以肉貼膘」。

∥ 啃秋 ∥

「啃秋」也叫作「咬秋」。每當立秋,民間多吃西瓜等,說這樣可以免除冬春腹瀉等疾病。江蘇等地在立秋這天吃西瓜以「咬秋」,據說可以不生秋痱子。在浙江等地,民間立秋日取西瓜和燒酒同食,認為可以防瘧疾。杭州等地立秋日要吃一顆秋桃,把桃仁留在除夕燒成灰燼,俗說此灰可以免除瘟疫。

∥ 忌打雷 ∥

民間某些地區立秋日有忌打雷之說。吳地諺語云:「秋孛鹿,損萬斛。」秋,指立秋,孛鹿是雷響聲。有農諺也說「雷打秋,冬半收」,意思是說立秋日如果打雷,冬季時農作物收成將要損失很多,也有「立秋響雷,百日見霜」的說法。相反,此日天晴的話就非常利於收成,農諺云「立秋晴一日,農夫不用力」。

飲食養生

古人認為「秋天宜收不宜散」,因此飲食上應基本做到「秋不食辛辣」、「秋不食肺」。

∥ 清淡為主 ∥

秋季氣候乾燥,夜晚雖然涼爽,但白天氣溫仍較高,《飲膳正要》說:

「秋氣燥，宜食麻以潤其燥，禁寒飲。」所以根據「燥則潤之」的原則，應以養陰清熱、潤燥止渴、清新安神、益中補氣的食品為主，可選用芝麻、蜂蜜、銀耳、百合、蓮藕、菠菜、鴨蛋、枇杷等具有滋潤作用的食物。可適當進食一些「防燥不膩」的平補之品，如茭白、南瓜、蓮子、桂圓、黑芝麻、紅棗、核桃等。

此時不妨適當喝點綠豆粥、荷葉粥、紅小豆粥、紅棗蓮子粥、山藥粥等食物。患有脾胃虛弱、消化不良的人，可以服食具有健脾補胃的蓮子、山藥等，或者喝點具有健脾利濕作用的薏米粥、扁豆粥等，可起到滋陰、潤肺、養胃、生津的補益作用。

‖ 食酸 ‖

立秋時節在飲食上還要注意「增酸」，以增加肝臟的功能，抵禦過盛肺氣之侵入。可選擇蘋果、葡萄、楊桃、柚子、檸檬、山楂等含酸性的水果。

‖ 祛濕進補 ‖

秋季適宜人體進補，但立秋前後不適宜大補特補，此時適合吃一些祛濕的食物。立秋雖然標誌著秋季的開始，但立秋後的一段時間內氣溫通常還是較高，空氣的濕度也還很大，人們會有悶熱潮濕的感覺。再加上人們在夏季常常因為苦夏或過食冷飲，多有脾胃功能減弱的現象，此時如果大量進食補品，特別是過於滋膩的養陰之品，會進一步加重脾胃負擔，使長期處於「虛弱」的胃腸不能一下子承受，導致消化功能紊亂。因此，初秋進補宜清補而不宜過於滋膩。

處暑

處暑出伏，秋涼來襲

山居秋暝

〔唐〕王維

空山新雨後，天氣晚來秋。

明月松間照，清泉石上流。

竹喧歸浣女，蓮動下漁舟。

隨意春芳歇，王孫自可留。

　　當太陽到達黃經150度時為處暑節氣，時間為8月23日或24日。處暑是一個反映氣溫變化的節氣。「處」是終止的意思，「處暑」表示炎熱的暑天即將結束。《月令七十二候集解》說：「處暑，七月中。處，止也，暑氣至此而止矣。」此時大部分地區氣溫逐漸下降。

氣候變化

到了處暑時節已經出伏了，大部分地區氣溫開始明顯下降。這一時節氣溫下降主要有兩個原因，一是太陽的直射點繼續南移，北半球接受的太陽輻射減弱；二是副熱帶高壓大幅向南撤退，蒙古冷高壓開始影響全東亞。

在這一冷高壓的控制下，往往帶來乾燥、下沉的冷空氣，宣告了中國東北、華北、西北雨季的結束，率先開始了一年之中秋高氣爽的美好天氣。長江以北地區氣溫逐漸下降，中午熱，早晚涼，晝夜溫差大，意味著進入氣象意義的秋天，此間真正進入秋季的只有東北和西北地方。

夏季的副熱帶高壓大步南撤，但仍控制著中國南方的某些地區，此時剛剛感受一絲秋涼的人們，會再次感受高溫天氣。長江中下游地區往往在「秋老虎」天氣結束後，才會迎來秋高氣爽的小陽春，此時已經到10月以後了。

‖ 一場秋雨一場寒 ‖

每當冷空氣作用時，若空氣乾燥，往往帶來颳風天氣，要提防大風對將要成熟農作物的影響；若大氣中有暖濕氣流，往往形成一場像樣的秋雨。

每每風雨過後，特別是下了一場雨之後，人們會感到較明顯的降溫，故有「一場秋雨一場寒」之說。江淮地區還有可能出現較大的降水過程。華南地區處暑平均氣溫一般較立秋降低1.5℃左右，個別年份8月下旬華南西部可能出現連續3天以上日平均氣溫在23℃以下的低溫。但是，由於華南地區處暑時仍基本上受夏季風控制，所以還常有華南西部最高氣溫高於30℃、華南東部最高氣溫高於35℃的天氣出現。

‖ 雷暴 ‖

處暑以後，除華南和西南等地區外，中國大部分地區雨季即將結束，降水逐漸減少。但9月份仍是南海和西太平洋熱帶氣旋活動較多的月份之一，熱帶風暴或颱風帶來的暴雨，對華南和東南沿海影響較大，降水強度一般呈

現從沿海向內陸迅速減小的特點。華南、西南、華西等地區的雷暴活動雖然不及炎夏那般活躍，但仍比較多。在華南，由於低緯度的暖濕氣流比較活躍，因而產生的雷暴天氣比其他地方多；而西南和華西地區，由於處在副熱帶高壓邊緣，加之山地的作用，雷暴的活動也較多。

‖ 降水量減少 ‖

進入9月後，大部分地區開始進入少雨期，而華西地區秋雨偏多。華西秋雨的範圍，除渭水和漢水流域外，還包括四川、貴州大部、雲南東部、湖南西部、湖北西部一帶發生的秋雨。因秋雨早的年份8月下旬就可以出現，最晚在11月下旬結束，但主要降雨時段出現在9、10兩個月。華西秋雨的主要特點是雨日多，且以綿綿細雨為主，所以雨日雖多，但雨量卻不很大，一般要比夏季少，強度也弱。

農事活動

中國南方大部分地區這時也正是收穫中稻的大忙時節，一些夏秋作物也即將成熟，家家戶戶整理糧倉準備收割，農諺有「處暑滿地黃，家家修廩倉」之說。一般年辰處暑節氣內，華南日照仍然比較充足，除了華南西部以外，雨日不多，有利於中稻割曬和棉花吐絮。

可是少數年份也有如杜甫詩中所描繪的「三伏適已過，驕陽化為霖」的景況，秋綿雨會提前到來。所以要特別注意天氣預報，做好充分準備，抓住每個晴好天氣，不失時機地做好搶收搶曬工作。天氣晴好時，也是一些地區採摘頭茬棉花的時候，俗語說「處暑好晴天，家家摘新棉」。

‖ 蓄水 ‖

處暑是華南雨量分佈由西多東少向東多西少轉換的前期，這時華南中部的雨量常是一年裡的次高點，比大暑或白露時為多。因此，為了保證冬春農

田用水，必須認真抓好這段時間的蓄水工作。

　　處暑以後，大部分地區雨季即將結束，降水逐漸減少，尤其是華北、東北和西北地方，必須抓緊蓄水、保墒，以防秋種期間出現乾旱而延誤冬作物的播種期。

‖ 防火 ‖

　　對於遭遇嚴重伏旱的地區，處暑時節如果繼續受副熱帶高壓的控制，往往容易形成夏秋連旱，使秋季防火期大大提前，需要提高警惕及時防範。此時若有降雨就顯得特別珍貴，農諺有「處暑雨，粒粒皆是米」之說。

‖ 防蟲防澇 ‖

　　處暑時節中午熱、早晚涼，晝夜溫差大，這樣的天氣非常有利於農作物糖分的積累。此時華北地區玉米生長到了中後期，玉米大斑病、小斑病、青枯病、褐斑病、紋枯病等病蟲害多發。為了保證產量，要加強田間管理，科學用藥防治病蟲害，要及時摘除底部病葉，將其帶到田外銷毀，減少病害來源。及時中耕排澇，創造有利於玉米生長，而不利於病害發生的環境。同時多施腐熟的農家肥，增施磷肥、鉀肥和微肥，保證玉米生長所需的養分。

‖ 栽蘿蔔 ‖

　　處暑時節還可以栽種蘿蔔，農諺有「處暑蘿蔔白露菜」之說。蘿蔔是喜歡冷涼天氣的蔬菜，若播種過早，天熱乾旱，長不好；播種過遲，則因生長季節太短，不能充分長大。處暑時的天氣正適宜蘿蔔根和葉的生長，可為後期積累大量的養分。

傳統習俗

∥ 中元節 ∥

處暑前後的農曆節日為中元節。農曆七月十五俗稱「七月半」、「中元節」、「鬼節」。舊時民間從七月初一起，就有開鬼門的儀式，直到月底關鬼門止，都會舉行普度佈施活動。

據說中元節孤魂野鬼都出來活動，罪孽深重的鬼也有機會被赦免。所以此時要對孤魂野鬼及地獄鬼等予以拯救、施食，主要有焚燒紙錢、予以錢財等。舊時道家以七月十五為中元地官赦罪的日子，屆時有賑孤、齋孤等習俗。時至今日，中元節已成為祭祖的重要時間。

∥ 祭祖 ∥

在安徽一帶，七月十五是一個重要的祭祀活動日。在這一天，每家每戶都會祭祖先。從七月初一開始，就可以看到田間地頭有許多貢品和紙錢、鞭炮。人們從初十開始就要著手打掃自家屋子。祭祀時家裡要保持安靜，不允許吵鬧，人們會在家裡擺上一張桌子，擺上靈位、擺上貢品，祭拜祖先。祭祀活動一直要持續到七月十五，在這天晚上還要「燒孤衣」，這個習俗一直流傳至今。

∥ 盂蘭盆會 ∥

人們在處暑時節過盂蘭盆會，據說源於著名的「目蓮救母」的傳說。佛家舉行盂蘭盆會時，還會在湖上、河上放燈，燈是用蒿稈做成的，上面裹著香頭的紙條，夜間點燃，謂之「照冥」。

∥ 花衣節、麻穀日 ∥

舊時民間還把中元節前的七月十四稱為花衣節，人們在這天買紙花衣燒了祭祖，故稱花衣節。

　　陰曆七月十三或十五又稱為麻穀日，這天人們以新麻新穀等饗祀神明和祖先，俗稱「上麻穀」、「薦麻穀」。宋代吳自牧《夢粱錄‧卷四》記載：「七月十五……賣麻穀窠兒者，以此祭祖，寓預報秋成之意。雞冠花供祖宗者，謂之洗手花。此日都城之人，有就家享祀者，或往墳所掃拜者。」

　　此外，七月十五還有送蒸熟的麵人、麵羊等給小孩吃的習俗，藉以「羊羔跪乳」教人孝順之道。

‖ 開漁節 ‖

　　處暑過後開始進入漁業收獲的時節，這時海域水溫依然偏高，魚蝦貝類等已經發育成熟，停留在海域周圍。因此從這一時節開始，往往可以享受到種類繁多的海鮮。人們在休漁期結束後的某一天舉辦隆重的開漁儀式，尤其是浙江省沿海的象山、舟山等地，都要舉行一年一度的開漁節，歡送漁民出海捕魚。屆時還要舉行大型的文藝晚會，慶祝捕魚期的到來。在開漁節的典禮上，人們做祭海的文章來感謝大海的恩賜，祈求大海保佑漁民平安等。

‖ 迎秋賞雲 ‖

　　處暑節氣還有出遊迎秋的習俗。處暑之後，秋高氣爽，正是人們暢遊郊野迎秋賞景的好時節。此時暑熱之氣漸漸消散了，天上的那些雲彩也顯得疏散自如，不像夏天大暑之時濃雲堆積，顯得格外好看，民間向來就有「七月八月看巧雲」之說。

‖ 忌下雨、唱歌 ‖

　　在河南處暑這一天禁忌下雨。民諺道：「處暑若逢天下雨，縱然結實也難留。」如果在這一天有雨水光臨，人們就會舉行一個趕雨的活動，每家每戶都拿著一大盆，走到自家門口，做出向外潑的動作，然後轉頭回到屋中，用這種方法來應對雨天。

　　在南方的高山地區，禁忌處暑這一天到山上唱歌。人們認為這一天唱歌會加快冷的速度，會把冬天的腳步帶近。所以這一天無論多麼高興也不要唱歌。

飲食養生

‖宜清淡‖

經過一個夏天的「煎熬」，很多人脾胃功能相對較弱，因此飲食上別吃口味太重的食物。比較適合健脾胃的食物有薏米、蓮子、扁豆、冬瓜等。另外，常食沙參、玉竹、蓮子粥、百合等清涼補食，既能防熱，還能益氣。但有些人腸胃不好，經常腹瀉，就不適宜清涼補身了。

‖宜吃鹹味‖

飲食上宜多吃鹹味食物，如荸薺、沙葛、粉葛等；也可多吃新鮮果蔬，以及銀耳、百合、蓮子、蜂蜜、糯米、芝麻、豆類、奶類等清潤食品，以防秋燥。

‖少油膩、多蔬果‖

由於油膩食物會在體內產生易使人睏倦的酸性物質，而蔬菜、水果中的許多維生素能迅速排除代謝物，加快代謝肌肉疲勞時產生的酸性物質，所以少油膩、多蔬果，是使人消除疲勞的方法之一。

‖少吃辛辣燒烤‖

不吃或少吃辛辣燒烤類食物，包括辣椒、生薑、花椒、蔥、桂皮及酒等。從中醫上講這些食物容易加重秋燥對人身體的危害。

可吃溫補食物，如喜歡吃紅棗、桂圓者，早晨可吃幾顆；喜歡吃酸味者，可適量吃些酸味食品，酸味主收斂。

臉無痘、面不紅者若有吃辣味的習慣，可適當吃些辣椒、胡椒之類食物；有飲酒習慣者可少喝點酒，其中白酒、黃酒一定要加熱；主食以吃精白麵補氣為好。

白露

白露，露珠遍路

暮江吟

〔唐〕白居易

一道殘陽鋪水中，半江瑟瑟半江紅。
可憐九月初三夜，露似珍珠月似弓。

　　9月7日或8日交白露節氣，此時太陽到達黃經165度。「白露」是反映自然界氣溫變化的節令，《月令七十二候集解》中解釋「白露」節氣說：「白露，八月節。秋屬金，金色白，陰氣漸重，露凝而白也。」此時「氣始寒也」，「水土濕氣凝而為露」，表明氣溫已經降低到可以使水汽在地面上凝結成水珠了。

氣候變化

白露是中國大部分地區秋季到來的重要標誌，此時日平均氣溫大都下降到22℃以下。華南地區，白露節氣有著氣溫迅速下降、綿雨開始、日照驟減的明顯特點。華南地區白露期間的平均氣溫比處暑要低3℃左右，大部地區候平均氣溫先後降至22℃以下。按氣候學劃分四季的標準，時序也開始進入秋季。

冷空氣變強

白露是進入秋天的第三個節氣，表示孟秋時節的結束和仲秋時節的開始。這時，夏季季風逐步被冬季季風所代替，冷空氣勢力變強，往往帶來一定範圍的降溫幅度。北方大部分地區會明顯地感覺到炎熱的夏天已過，而涼爽的秋天已經到來。

白露節氣，北來的乾冷氣流增多，使淮河、秦嶺以北地帶的濕熱氣流向南撤退，空氣中濕度大減，雲量奇少，因而往往是碧空萬里，天高雲淡。這樣，白天的太陽光熱，沒有雲層的阻擋直射地面，地面白天增熱較快；同時地面在夏季積存的熱量尚未全部消失。因此白天，特別是正午以後，氣溫仍是相當高的。而到了夜間，由於多是碧空皓月的無雲天空，如果加上北來的乾冷氣流，地面熱量較易消散，因而氣溫大降，晝夜溫差可達十多度。

降水量南北不一

白露時節，北方地區降水明顯減少，秋高氣爽，比較乾燥。長江中下游地區在此時期，第一場秋雨往往可以緩解前期的缺水情況，但是如果冷空氣與颱風相會，或冷暖空氣勢均力敵，雙方較量進退維艱時，形成的暴雨或低溫、連陰雨，都對秋季作物的生長不利。

西南地區東部、華南和華西地區也往往出現連陰雨天氣。東南沿海，特別是華南沿海還可能會有熱帶颱風造成的大暴雨。

這一時期降水影響較大的當屬「華西秋雨」了。此時西部地區常常細雨

霏霏、陰雨綿綿，四川、貴州兩省的一些地方更有「天無三日晴」之稱，這就是人們常說的「華西秋雨」，西南地區稱之為「秋綿雨」。

農事活動

白露時節中國大部分地區秋作成熟，到了收割的季節。遼闊的東北平原開始收穫大豆、穀子、水稻和高粱，西北、華北地區的玉米、白薯等大秋作物正在成熟，棉花產區也進入了全面的分批採摘階段。

白露正是搶收時期，如果趕上陰天下雨，地裡的莊稼就會發霉腐爛，尤其是華南地區，容易遇上陰雨連綿的天氣，因而民間忌諱這日颳風下雨，認為會影響農業的收成。有農諺說「白露日落雨，到一處壞一處」，「處暑雨甜，白露雨苦」。

除此之外，民間認為白露這天有霧，則稻穗飽滿，有雨則歉收，所以有「白露白迷迷，秋分稻穀齊」，「白露白茫茫，稻穀滿田黃」之說。

棉產區是日忌西北風，農諺云：「白露日西北風，十個鈴子九個空；白露日東北風，十個鈴子九個濃。」

‖ 播種冬小麥、栽種冬菜 ‖

收割完後又開始了緊張的播種階段，此時西北、東北地區的冬小麥已開始播種，華北地區冬小麥的播種也即將開始。尤其是黃河中下游地區，播種冬小麥是一年中最重要的農事活動之一。有些地區為了防止秋播作物水分蒸發太快，採用地膜覆蓋技術。保持水分、提高地溫，種子發芽率高，存活率高。白露節氣除了播種冬小麥，還是栽種冬菜的好時機，如白菜、小蘿蔔、大蒜、蠶豆等。農諺有「不到白露不種蒜」的說法。

‖ 防陰雨、冷寒 ‖

「華西秋雨」是中國西部地區的氣象災害之一，它主要出現在四川、貴

州、雲南、甘肅東部和南部、陝西關中和陝南及湖南西部、湖北西部一帶，其中尤以四川盆地和川西南山地及貴州的西部和北部最為常見。時間一般在9至11月，最早出現日期有時可從8月下旬開始，最晚在11月下旬結束。「華西秋雨」的主要特點是雨日多，而以綿綿細雨為主，雨量不很大，一般要比夏季少，強度也弱。

這些地區因為持續連陰雨的天數長，所以對農作物的危害極大。綿綿細雨遮擋了陽光，帶來了低溫，不利於玉米、紅薯、晚稻、棉花等農作物的收穫和小麥播種、油菜移栽。它可以造成晚稻抽穗揚花期的冷害，也可使棉花爛桃、裂鈴吐絮不暢。秋雨多的年份，還可使已成熟的作物發芽、霉爛，以至減產，甚至失收。

‖ 防秋旱、防火 ‖

此時，部分地區還有可能出現秋旱、森林火險、初霜等天氣。如果長江中下游地區的伏旱，華西、華南地區的夏旱，得不到秋雨的滋潤，都可能形成夏秋連旱，諺語有云：「春旱不算旱，秋旱減一半。」北方部分地區，如西北的陝西、山西、甘肅和華北等地，秋季降水本來偏少，如果出現嚴重秋旱，不僅影響秋季作物收成，還延誤秋播作物的播種和出苗生長，影響來年收成。

另外，伴隨秋旱，特別是山地林區，空氣乾燥，風力加大，森林火險開始進入秋季高發期。

‖ 防霜凍 ‖

白露期間，新疆東北部、內蒙古東部9月上旬為初霜期，而到了9月下旬，甘肅大部、寧夏、陝西北部、山西北部、河北北部和東北地區中北部等都已出現初霜。通常把秋季第一次發生的霜凍稱為初霜凍，因為初霜凍總是在悄無聲息中就使作物受害，所以有農作物「秋季殺手」的稱號。

入秋後的氣溫隨冷空氣的頻繁入侵而明顯降低，尤其是在晴朗無風的夜

間或清晨，輻射散熱增多，地面和植株表面溫度迅速下降，當植株體溫降至0℃以下時，其體內細胞就會脫水結冰，導致農作物枯萎或死亡。有時雖然植物表面沒有白霜，但由於地表溫度在0℃以下，農作物依然受到凍害，稱作「黑霜」，也是霜凍的一種類型。

　　早霜凍會影響東北大豆的品質和產量，使華北棉花、白薯、玉米遭受凍害，影響產量。這一時節出現的低溫天氣可影響晚稻抽穗揚花，因此要預防低溫冷害和霜凍害。冷空氣入侵時，可灌水保溫。

傳統習俗

‖喝白露茶‖

　　舊時南京人有喝「白露茶」的習俗。此時的茶樹經過夏季的酷熱，白露前後正是它生長的極好時期。白露茶既不像春茶那樣鮮嫩，不經泡，也不像夏茶那樣乾澀味苦，而是有一種甘醇清香的味道。而且家中存放的春茶此時已經所剩無多了，白露茶正好接上，因此深受人們喜愛。

‖釀米酒‖

　　湖南興寧、三都、蓼江一帶歷來有白露釀酒的習俗。每年白露節一到，家家用糯米、高粱等五穀釀成米酒，待客接人必喝「土酒」。其酒溫中含熱，略帶甜味，稱為「白露米酒」。白露米酒中的精品是程酒，是因取程江水釀制而得名，古時即為貢酒，盛名遠播。白露米酒的釀制除取水、選定節氣頗有講究外，方法也相當獨特。先釀制白酒（俗稱「土燒」）與糯米糟酒，再按1：3的比例，將白酒倒入糟酒裡，入壇密封，埋入地下或者窖藏。舊時蘇浙一帶鄉下人家也有白露節氣釀米酒。

‖吃龍眼‖

　　在福建福州，有白露吃龍眼的習俗。據說這天吃龍眼有大補的奇效，而

且認為吃得越早越好，所以不少人家大清早爬起來，就要喝上一碗龍眼香米粥。白露早起吃的龍眼，與清晨野外的露水，多少有相像之處。而且龍眼本身就有益氣補脾、養血安神、潤膚美容等功效，白露前後的龍眼個個大顆，核小味甜口感好，正是應節之物。

‖ 鬥蟋蟀 ‖

鬥蟋蟀流行於中國大部分地區，一般在秋季蟋蟀活動最為頻繁的時候進行，成為人們休閒娛樂的一大盛事。這一習俗歷史悠久，始於唐，盛行於宋，到清朝時，活動越發講究。比賽時，不僅有鬥蟋蟀的場子，還有專門的搏鬥器具。人們提籠相望，成群結隊，場面頗為壯觀。相鬥的蟋蟀要大小相似，重量接近，勢均力敵。開鬥時，先用蘭草拂其頭部，如果它的觸鬚張開如絲狀，就繼續用蘭草挑逗，使之角鬥。兩隻蟋蟀相搏，賭注往往很高。有好事的人還寫成了《功蟲錄》，秋天到來，人們爭相觀看此書，學習其中養蟋蟀、鬥蟋蟀的方法。

‖ 白露節 ‖

中國有的地方過「白露節」。民間認為採集白露這天早上的露水點撒四肢的穴位可以防病治病，也有用來擦眼睛的，寓意眼睛像露珠一樣明亮。有的地方採集和使用露水是非常講究的，清代記錄上海習俗的《滬城歲時衢歌》記載：「八月朔，俗謂天灸日，黎明，以花枝露，以古墨研勻，取淨管蘸墨，凡童稚之數歲之內者，印圓圈於太陽及四肢諸穴，謂免百病。」

‖ 中秋節 ‖

農曆八月十五一般在白露節氣或者秋分節氣裡。諺語說「八月十五雁門開，雁兒頭上帶霜來」，即與此時的天氣狀況相符合。中秋節是花好月圓、親人團聚的美好節日，一家人祭月、賞月、拜月、吃月餅、賞桂花、飲桂花酒等，其樂融融。異鄉遊子此時也對著皎潔的月亮思念起遠方的親人。

唐朝詩人王建在描寫中秋節的《十五夜望月寄杜郎中》詩中寫道：「中

庭地白樹棲鴉，冷露無聲濕桂花。今夜月明人盡望，不知秋思落誰家。」望月懷遠，唯有故鄉和親人不能忘懷，它凝聚了人們濃濃的故鄉情，使人即使遠在天涯仍牽念著故鄉的一草一木。

‖ 秋社 ‖

秋社在立秋後的第五個戊日進行，此時大約在白露時節。秋社習俗始於漢代，是秋季祭祀土地神的日子。此時收穫已畢，官府與民間皆於此日祭神答謝。《東京夢華錄·秋社》記載：「八月秋社，各以社酒相賣送，貴戚宮院以豬羊肉、腰子、肚肺、鴨餅、瓜薑之屬，且做棋子樣片，滋味調和鋪於飯上，謂之社飯，請客供養。」宋代，秋社還有食糕、飲酒、婦女歸甯等俗。在一些地方，至今仍流傳有「做社」、「敬社神」、「煮社粥」的說法。此外，民間在白露節還有祭風婆、遊神等風俗。

‖ 祭禹王 ‖

白露時節也是安徽太湖人祭禹王的日子。禹王是傳說中的治水英雄大禹，太湖畔的漁民稱他為「水路菩薩」。每年正月初八、清明、七月初七和白露時節，這裡將舉行祭禹王的香會，搭台唱戲。其中又以清明、白露春秋兩祭的規模為最大，歷時一周。在祭禹王的同時，還祭土地神、花神、蠶花姑娘、門神、宅神、姜太公等。

飲食養生

中醫認為，肌體病患是由風、寒、暑、濕、燥、火六邪侵入所致，而秋冬季節易染疾病的最大特點是「燥邪為病」，其中又有「溫燥」和「涼燥」之分。此時，老人以及體瘦陰虛火旺的人容易感染溫燥之邪。治燥不同治火，因為「治火可以苦寒，燥證則宜柔潤」，因此白露時節，飲食應以清淡、易消化且富含維生素的素食為主，宜吃一些性涼甘潤的食物，以養護心肺肝脾胃，保持身體健康。

‖ 食粥 ‖

秋季主氣為燥，秋燥能耗人津液，影響人體對水的正常吸收，導致人體缺水，容易出現口乾、咽乾及大便乾結、皮膚乾裂等症狀。「秋燥」的缺水與一般缺水不同，光喝水並不能止渴，因為「秋燥」傷陰，喝進多少，排出多少，因此，秋日飲食防秋燥大有講究。

中國傳統醫學認為，適當食粥，能和胃健脾，潤肺生津，養陰清燥。常見的做粥材料主要有大米、糯米、小麥、芡實、淮山、豆類、乾果等。熬粥的器皿最好選用砂鍋，儘量不使用鐵鍋和鋁鍋。如若能在煮粥時，適當加入梨、芝麻、菊花等藥食俱佳的食物，則更具有益肺潤燥的功效。

除此之外，可適當地多吃一些富含維生素的食品，也可選用一些宣肺化痰、滋陰益氣的中藥，如人參、沙參、百合、杏仁、川貝等，對緩解秋燥多有良效。

‖ 吃時令蔬果 ‖

白露時節可多吃葡萄等水果。到了秋季，成熟的葡萄正當季。葡萄汁多味甜，含有豐富的營養物質，如糖類、蛋白質、卵磷脂、胡蘿蔔素和維生素等，鈣、鐵的含量也極為豐富。中醫認為，葡萄性平味甘酸，入脾、肺、腎三經，能生津止渴，補益氣血，強筋骨，利小便，非常適合秋燥天氣。

南瓜也是預防秋燥的食物。自古以來，中華文化就十分重視南瓜的醫用保健價值。中醫認為，南瓜有消炎止痛、解毒、養心補肺等作用。《本草綱目》中記載，南瓜能「補中益氣」。南瓜中所含的某些成分，可由人體吸收後轉化為維生素A，因此對防秋燥大有裨益。常吃南瓜，可使大便通暢，肌膚豐美，尤其對女性，有美容作用。此外，南瓜可以促進人體內胰島素的分泌，有效降低血糖，是糖尿病患者的健康食品。

秋分

秋色平分，碧空萬里

水調歌頭

〔宋〕蘇軾

明月幾時有？把酒問青天。不知天上宮闕，今夕是何年？

我欲乘風歸去，又恐瓊樓玉宇，高處不勝寒。

起舞弄清影，何似在人間。

轉朱閣，低綺戶，照無眠。不應有恨，何事長向別時圓？

人有悲歡離合，月有陰晴圓缺，此事古難全。

但願人長久，千里共嬋娟。

　　秋分交節時間為9月23日或24日，此時太陽到達黃經180度，直射赤道，南北半球晝夜平分，在北極點與南極點附近，可以觀測到太陽整日在地平線上轉圈的特殊現象。秋分之後，北半球各地晝短夜長，這種現象將越來越明顯。漢代董仲舒《春秋繁露・陰陽出入上下篇》記載：「秋分者，陰陽相半也，故晝夜均而寒暑平。」秋分的「分」就是「半」的意思。秋季三個月分別被稱為「孟秋」、「仲秋」和「季秋」，秋分時節恰值仲秋，平分秋色。

氣候變化

按氣候學上的標準，「秋分」時節，中國長江流域及其以北的廣大地區，日平均氣溫都降到了22℃以下，為物候上的秋天了。此時，來自北方的冷空氣團，已經具有一定的勢力。絕大部分地區秋高氣爽、丹桂飄香，蟹肥菊黃。

‖ 降水少 ‖

秋分時節，大部分地區已經進入涼爽的秋季，南下的冷空氣與逐漸衰減的暖濕空氣相遇，產生一次次降水，氣溫也一次次地下降。正如人們常說的那樣，到了「一場秋雨一場寒」的時候，但秋分之後的日降水量不會很大。

在這時期，許多地區降水都開始變少。秋分之後，中國大部分地區，包括江南、華南地區（熱帶氣旋帶來暴雨除外）的降雨日數和雨量進入了減少的時段，河湖的水位開始下降，有些季節性河湖甚至會逐漸乾涸。

‖ 颱風 ‖

秋分時節，還有可能出現個別的熱帶氣旋，但影響位置偏南，大多影響華南沿海、海南島，這時的颱風除了大風災害外，帶來的雨水往往對當地的土壤保墒有利，因為10月以後這些地區先後轉入乾季。

農事活動

秋分時節南、北方的田間耕作各有不同。華北地區有農諺說：「白露早，寒露遲，秋分種麥正當時。」諺語中明確說明了該地區播種冬小麥的時間；而「秋分天氣白雲來，處處好歌好稻栽」則反映出江南地區播種水稻的時間。

華北地區已開始播種冬麥，長江流域及南部廣大地區正忙著晚稻的收

割,搶晴翻耕土地,準備油菜播種。南方的雙季晚稻正抽穗揚花,是產量形成的關鍵時期,早來低溫陰雨形成的「秋分寒」天氣,是雙季晚稻開花結實的主要威脅,必須認真做好預報和防禦工作。秋分棉花吐絮,煙葉也由綠變黃,正是收穫的大好時機。

傳統習俗

‖ 祭神 ‖

秋分日設立秋社,祭祀地神。農家割新稻,以新米飯祭獻土神、穀神。祭畢聚集安飲,依年齡列坐,分享祭品。男女做投壺遊戲,善作詩的飲酒談天吟詩。飯食由各家拿出少數新米,比較優劣後燒煮做飯。另有集資請戲班唱戲等習俗。

‖ 秋祭 ‖

民間在秋分時節有掃墓祭祖的習俗,稱作「秋祭」。是日,全族都要出動,隊伍能達幾百乃至上千人。先掃祭開基祖和遠祖墳墓,之後分房掃祭各房祖先墳墓,最後各家掃祭家庭私墓。

‖ 走社 ‖

古時秋分日「走社」之風十分盛行。古代農家以土地為賴以生存的資源,而且人口稀疏,住所固定,環聚一處,守望相助,鄰里之間的感情極其深厚,有時因為農事上的關係,如耕地整理、病蟲害的驅除與預防等,都不得不互幫互助,協力完成。

秋社之時,一年的辛勞已經得到回報,彼此愉快的心情無以復加,因此男女走社,總是要比春社還要盛大。各家經常拿出最豐收的土產食品招待客人,以相互展示誇耀,如此也促進了人們的進取之心。有民諺道:「雞豚秋社,芋栗園收,李四張三,來而便留。」

‖ 觀南極星 ‖

秋分之日「候南極」。《史記・天官》中記載：「南極老人，治安；常以秋分時，候之於南郊。」中國位在北半球，因而南極星（也稱南極仙翁或老人星）一年內只有在秋分之後才能見到，且一閃而逝，極難見到，春分過後，更是完全看不到。所以古時把南極星的出現看成是祥瑞的象徵，歷代皇帝會在秋分這日早晨，率領文武百官到城外南郊迎接南極星。

‖ 說秋 ‖

在過去，由於生產力落後，耕牛不僅是主要的生產工具，也是豐收的保證，秋分日民間挨家挨戶送秋牛圖就是為了表達對耕牛的愛惜和崇敬。其圖是把二開紅紙或黃紙印上全年農曆節氣，還要印上農夫耕田圖樣，名曰「秋牛圖」。送圖者都是些民間善言唱者，主要說些秋耕和吉祥不違農時的話，每到一家更是即景生情，見啥說啥，說得主人樂而給錢為止。言詞雖隨口而出，卻句句有韻動聽，俗稱「說秋」，說秋人便叫「秋官」。

‖ 吃秋菜 ‖

秋分時節一些地區流行著吃秋菜的習俗，秋菜就是一種野菜，有些地方會親切地稱呼為「秋碧蒿」，人們把這個時節吃菜的習俗稱作「吃秋菜」。

秋分時節一到，每戶都會走出家門到田野之中摘野菜。等到每家採好一籮筐野菜後回到家中起火做飯，人們會把這種野菜與魚片一起做成「滾湯（秋湯）」，人們希望用這種習俗來祈求安康幸福。民諺道：「秋湯灌臟，洗滌肝腸。闔家老少，平安健康。」

‖ 祭月節 ‖

秋分曾是傳統的「祭月節」，古有「春祭日，秋祭月」之說。現在的中秋節則是由傳統的「祭月節」而來。史書記載，早在周朝，古代帝王就有春分祭日、夏至祭地、秋分祭月、冬至祭天的習俗，其祭祀的場所稱為日壇、

地壇、月壇、天壇，分設在東南西北四個方向。

北京的月壇就是明嘉靖年間為皇家祭月修造的，民間各地至今也遺存著許多「拜月壇」、「拜月亭」、「望月樓」等古跡。民間的祭月習俗因地區不同而儀式各異。《北京歲華記》記載北京祭月的習俗說：「中秋夜，人家各置月宮符象，符上兔如人立；陳瓜果於庭；餅面繪月宮蟾兔；男女肅拜燒香，旦而焚之。」北京祭月還有一個特別的風俗，就是「惟供月時，男子多不叩拜」，此即民諺所說「男不拜月」。

據考證，最初「祭月節」定在「秋分」這一天，不過由於這一天在農曆八月裡的日子每年不同，不一定都有圓月，而祭月無月則是大煞風景的。所以，後來就將「祭月節」由「秋分」調至八月十五中秋月圓之日。

民間禁忌

‖忌刮東風‖

華北地區忌諱秋分這一天刮東南風，人們認為這個季節本來就很乾燥，需要雨水滋潤，如果在需要雨水的日子不下雨，而是颳風，那麼來年會是一個旱季，農作物的生產管理工作也會舉步維艱。民諺道：「秋分東風來年旱。」在這一天，人們為了討個好彩頭，還會舉行踩風的民間活動：小孩子光著腳丫在自家炕上跑三圈，嘴裡喊著「來年大豐收」的吉利話，通過這種活動來表達自己的美好心願。

‖忌不下雨‖

江淮地區秋分這一天盼望下雨，如果下雨就不會乾旱，民諺道：「秋分天晴必久旱。」這一天人們會左手拿著杯子，灌上一杯水，端著杯子走向自家地頭，中途不能把水打翻，然後每家每戶的人都排成一排站在田間，當聽到鼓手們敲鼓就要用力將水潑在地面。人們把鼓聲比作雷聲，把水聲比作雨

聲，就是希望這一天下雨打雷。

‖ 忌劈柴 ‖

民諺道：「秋分劈柴，地裂乾旱。」一些地方秋分這一天是禁忌劈柴的，如果不想挨餓就必須在前一天把柴火準備好。但人們通常都不這樣做，他們會在秋分這一天選擇和另外一家搭夥過秋分，一家準備柴火就可以了，而另一家只要提著酒菜過去就可以享受貴客的待遇。

飲食養生

秋分節氣飲食要多吃滋陰潤燥的食物，避免燥邪傷害。少吃辛辣食物，多吃酸性食物，以加強肝臟功能。從食物屬性解釋，少吃辛降燥氣，多吃酸食有助生津止渴，但也不能過量。脾胃保健，多吃易消化的食物，少吃生菜沙拉等涼性食物。同時應多喝溫開水，吃清潤、溫潤的食物，如芝麻、核桃、糯米、蜂蜜、乳品、梨等，可以起到滋陰潤肺、養陰生津的作用。秋季，菊香蟹肥，正是人們品嘗螃蟹的最好時光。但是螃蟹是大寒之物，也不適宜多吃。

‖ 進補 ‖

在飲食調養方面，中醫非常重視陰陽調和，不同的人飲食有不同的禁忌。一般而言，陰氣不足而陽氣有餘的老年人，忌食大熱峻補之品；發育中的兒童，沒有特殊原因也不宜過分進補；痰濕質人應忌食油膩；木火質人應忌食辛辣；患有皮膚病、哮喘的人應忌食蝦、蟹等海產品；胃寒的人應忌食生冷食物，等等。總之，秋季進補要根據個人的體質狀況，且進補還需適量，並非多多益善。

‖ 食酸、甘味 ‖

秋分時節開始進入深秋，而秋屬肺金，酸味收斂補肺，辛味發散瀉肺，

因此秋分飲食還應注意宜收不宜散，日常生活中要儘量少辛味之品，如蔥、薑等，適當多食酸味甘潤的新鮮水果和蔬菜。同時，秋燥津液易傷，人們會出現咽、鼻、唇乾燥及乾咳、聲嘶、皮膚乾裂等燥症，可以多食用甘寒滋潤之品，如百合、銀耳、山藥、秋梨、蓮藕、柿子、芝麻、鴨肉等，這些食物有潤肺生津、養陰清燥的功效。

‖ 防燥 ‖

防秋燥從飲食上講，要注意多喝水，多吃甘蔗、梨等潤燥之品，以及多吃清補食物，如蜂蜜、百合、蓮子等。秋燥往往使咽喉炎症加重或咽喉乾燥發癢，喝涼白開水能濕潤咽喉，起到良好的止咳作用。中醫認為，甘蔗味甘性寒，入肺胃二經，甘可滋補養血，寒可清熱生津，故有滋養潤燥之功；梨性微寒，味甘，能生津止渴、潤燥化痰、潤腸通便等，秋天每天堅持吃兩個梨能在一定程度上預防秋燥。

防燥宜多吃「辛酸」果蔬。秋分時節，飲食上要特別注意預防秋燥。秋分的「燥」不同於白露的「燥」。秋分的「燥」是「涼燥」，白露的「燥」是「溫燥」，飲食上要注意多吃一些清潤、溫潤為主的食物，比如芝麻、核桃、糯米等。秋天上市的果蔬品種花色多樣，像藕、荸薺、甘蔗、秋梨、柑橘、山楂、蘋果、葡萄、百合、銀耳、柿子等，都是調養佳品。

寒露

寒露菊芳，縷縷冷香

木芙蓉

〔唐〕韓愈

新開寒露叢，遠比水間紅。
豔色寧相妒，嘉名偶自同。
採江官渡晚，搴木古祠空。
願得勤來看，無令便逐風。

　　太陽到達黃經195度時交寒露節氣，時間一般在10月8日或9日。《月令七十二候集解》載：「寒露，九月節。露氣寒冷，將凝結也。」寒露節氣氣溫比白露時更低，由白露時的涼爽變為寒冷，地面的露水更冷，快要凝結成霜了。也正如俗語裡所說：「寒露寒露，遍地冷露。」

氣候變化

寒露時節，中國南方大部分地區氣溫繼續下降。華南地區日平均氣溫多不到20℃，長江沿岸地區最低氣溫可降至10℃以下。西北高原除了少數河谷低地以外，候平均氣溫普遍低於10℃，用氣候學劃分四季的標準衡量，已是冬季了。氣溫降得快是寒露節氣的一個特點。一場較強的冷空氣帶來的秋風、秋雨過後，溫度下降8至10℃已較常見。

常年寒露期間，華南地區雨量亦日趨減少。華南西部多在20毫米上下，東部一般為30至40毫米左右。華北地區10月份降水量一般只有9月降水量的一半或更少，西北地方則只有幾毫米到20多毫米。

‖冷空氣運動‖

寒露以後，北方冷空氣已有一定勢力，大部分地區在冷高壓控制之下，雨季結束。天氣常是晝暖夜涼，晴空萬里，對秋收十分有利。中國大陸上絕大部分地區雷暴已消失，只有雲南、四川和貴州局部地區尚可聽到雷聲。

‖凍露、降雪‖

寒露時節，中國南嶺及以北的廣大地區均已進入秋季，東北地區已進入或即將進入冬季，個別地區已可見零星的小雪花。在南方大部分地區寒露之後才真正進入秋季。此時地面上的露水更多，氣溫更低，有可能成為凍露。北京大部分年份這時已可見初霜，除全年飛雪的青藏高原外，東北北部和新疆北部地方一般已開始降雪。

農事活動

《清嘉錄》云：「寒露乍來，稻穗已黃，至霜降乃刈之。」「過了寒露，秋糧入庫。」黃河中下游地區，秋收已經接近尾聲。這時候正是播種冬

小麥的最後時機，諺語云：「晚種一天，少收一石。」江淮及江南地區的單季晚稻即將成熟，雙季晚稻正在灌漿，要注意間歇灌溉，保持田間濕潤。「寒露不摘棉，霜打莫怨天。」趁天晴要抓緊採收棉花，遇降溫早的年份，要在氣溫不算太低時採摘。

‖ 翻地 ‖

秋收後要整理農田，深翻土地。地表溫度低，害蟲到地下產卵。這樣既可以疏鬆土壤，也可以破壞地下的蟲洞，蟲卵就會被凍死，有效殺死害蟲。俗語云：「寒露到立冬，翻地凍死蟲。」

‖ 防濕害 ‖

綿雨甚頻，朝朝暮暮，溟溟霏霏，影響「三秋」生產，成為中國南方大部分地區的一種災害性天氣。伴隨著綿雨的氣候特徵是：濕度大、雲量多、日照少、陰天多，霧日亦自此顯著增加。秋綿雨嚴重與否，直接影響「三秋」的進度與品質。為此，一方面，要利用天氣預報，搶晴天收穫和播種；另一方面，也要因地制宜，採取深溝高廂等各種有效的耕作措施，減輕濕害，提高播種品質。

‖ 防寒露風 ‖

南方稻區還要注意防禦「寒露風」的危害。寒露風是指在寒露前後由於受初次較強的冷空氣南下影響，出現的連續幾天平均氣溫低於20℃，風力在3至4級以上的偏北風，可引起顯著降溫，造成晚稻癟粒、空殼減產。

一般來說，寒露風對水稻危害的氣象指標因水稻品種和發育期而異，各地的標準也不完全一樣，通常在長江中下游地區，以連續三天或以上，日平均氣溫低於20℃作為出現寒露風的標準；華南地區以連續三天或以上，日平均氣溫低於22℃作為標準。有諺語說：「禾怕寒露風，人怕老來窮。」指的就是寒露風的危害。

‖ 防霜凍 ‖

有的地方在寒露則忌霜凍，「寒露有霜，晚穀受傷」，霜會對晚秋收割的稻穀造成凍傷。「有水不怕寒露風。」這就是說，寒露風雖然會給晚稻帶來很大影響，但是只要在寒露風到來之時灌水保溫，也能在很大程度上減輕寒露風的危害。

傳統習俗

‖ 重陽節 ‖

重陽節一般逢著寒露節氣。重陽節，又稱重九節、曬秋節、「踏秋」，是中華傳統的節日，早在戰國時期就已經形成，到了唐代被正式定為民間節日，此後歷朝歷代沿襲至今。1989年中國政府又把九月初九定為「老人節」、「敬老節」，為其增加了尊老、敬老、愛老、助老的內涵。重陽節與除夕、清明節、中元節三節統稱中國傳統四大祭祖的節日。一般有出遊賞秋、登高遠眺、觀賞菊花、插茱萸、吃重陽糕、飲菊花酒等活動。

《西京雜記》中記西漢時的宮人賈佩蘭稱：「九月九日，佩茱萸，食蓬餌，飲菊花酒，雲令人長壽。」相傳自此時起，有了重陽節求壽之俗。九九重陽，因為與「久久」同音，又因古時「九」是數字中的尊者，遂有長久長壽的含義。曹丕《九日與鍾繇書》中記載：「歲月往來，忽復九月初九，九為陽數，而日月並齊，俗嘉其名，以為宜於長久，故以享宴高會。」把九月初九定為老人節，意義即在此。

‖ 重陽祭祖 ‖

香港新界鄉民重九祭祖，通常分為三次：第一次是私人掃墓，即小家庭式祭祖；第二次是房份掃墓，由數家至十余家人不等；第三次是大眾掃墓，即全村同姓，無論已遷出或分居各地都共同祭祖，結隊前往掃墓。族人一般

都帶備燒豬、三牲酒禮，及碗筷、杯盤、鐮刀等用具。抵達祖墳時，部分取石堆砌爐灶，煮備傳統的盤菜；部分則清理墳旁雜草，掃除垃圾。

而福建莆田仙遊人則以重陽祭祖者比清明為多，故俗有以三月為小清明，重九為大清明之說。

‖ 登高 ‖

古人重陽節登高，佩戴茱萸。最初的登山運動可能與上古時「射禮」有關。當時人們為了安排好冬季生活，秋收之後要上山採些野生食物或藥材，或狩獵。而金秋九月，天高氣爽，這個季節登高遠望可使人心曠神怡、健身祛病。《千金月令》上說：「重陽之日，必以看酒登高眺遠，為時宴之遊。賞菊以暢秋志。」《燕京歲時記》也載：凡登高，必「賦詩飲酒，烤肉分糕，洵一時之快事」。

‖ 插茱萸 ‖

王維《九月九日憶山東兄弟》詩：「獨在異鄉為異客，每逢佳節倍思親。遙知兄弟登高處，遍插茱萸少一人。」茱萸香味濃，有驅蟲去濕、逐風邪的作用，並能消積食、治寒熱。民間認為九月初九也是逢凶之日，多災多難，所以在重陽節人們喜歡佩戴茱萸以辟邪求吉，茱萸因此還被人們稱為「辟邪翁」。

‖ 喝菊花酒 ‖

重陽節喝菊花酒、賞菊，是為樂事。孟浩然《過故人莊》詩有曰：「待到重陽日，還來就菊花。」菊花含有養生成分，晉代葛洪《抱樸子》有南陽山中，人家飲用遍生菊花的甘谷水，而益壽的記載。菊花酒漢代已見，被看作是重陽必飲、祛災祈福的「吉祥酒」，其後仍有贈菊祝壽和採菊釀酒的習俗，如魏文帝曹丕曾在重陽日贈菊給鍾繇祝他長壽，梁簡文帝《採菊篇》也有「相呼提筐採菊珠，朝起露濕沾羅襦」之句，即是採菊釀酒。

‖賞菊‖

九九重陽節，文人士子們還舉辦社交宴樂性質的菊花會，賞菊吟詩。規模最大、氣象最盛的當數宮廷賞菊，《武林舊事·重九》中記載：「禁中例於八日作重九排當，於慶瑞殿分列萬菊，燦然眩眼，且點菊燈，略如元夕。」

‖觀紅葉‖

此時還是登山觀紅葉的好時節。北方已呈深秋景象，偶見早霜，樹葉很快就會變紅、變黃。南方也秋意漸濃，蟬噤荷殘。北京人登高習俗更盛，景山公園、八大處、香山等都是登高的好地方。寒露過後的連續降溫催紅了京城的楓葉。金秋的香山層林盡染，漫山紅葉如霞似錦，如詩如畫。

紅葉為歷代文人青睞，唐代杜牧的《山行》中有：「停車坐愛楓林晚，霜葉紅於二月花。」即是讚美紅葉。到了宋代，楊萬里的《秋山》：「烏桕平生老染工，錯將鐵皂作猩紅。小楓一夜偷天酒，卻倩孤松掩醉容。」更是用擬人化的手法將烏桕、楓葉刻畫得十分可愛。相傳，唐朝上陽宮的宮女常常在紅葉上題詩，拋於宮中流水以寄幽情。

‖忌颱風、掃屋‖

一些地區寒露時節禁忌颱風，人們認為寒露時節颱風，莊稼就會受到損失，民諺道：「禾怕寒露風，人怕老來窮。」在這一天早上，人們會上香拜佛，請求佛祖保佑有個好收成。

一些地方寒露這一天禁忌掃屋子。由於這個時節天氣變得越來越冷，人們希望溫暖留在屋子裡，遠離寒冷。民諺道：「寒露時節把屋掃，接下來的日子凍手腳。」

民間食俗

∥吃糕∥

重陽節吃糕，如同中秋節吃月餅一樣，都是應時節令食品。歷史上重陽糕經歷了多次變革：漢朝時叫「蓬餌」，唐朝時叫「麻葛糕」和「米錦糕」，宋朝時叫「菊花糕」、「重陽糕」，清朝時則叫「花糕」。從民俗意義上看，「糕」與「高」同音，重陽吃糕，象徵步步登高，意義獨特。據史籍載，重陽糕不僅自家食用，也被用於饋贈，頗具禮俗意義。《帝京歲時紀勝》載：「京師重陽節花糕極勝。有油糖果爐作者，有發麵疊果蒸成者，有江米黃米搗成者，皆剪五色彩旗以為標識。市人爭買，供家堂，饋親友。」

∥吃螃蟹、釣魚∥

在江南地區，人們還有吃螃蟹、釣魚的習俗。甚至人們有「秋釣邊」的說法。每到寒露時節，氣溫快速下降，深水處太陽已經無法曬透，魚兒便都向水溫較高的淺水區遊去，便有了人們所說的「秋釣邊」。

∥吃芝麻∥

寒露到，天氣由涼爽轉向寒冷。根據中醫「春夏養陽，秋冬養陰」的四時養生理論，這時人們應養陰防燥、潤肺益胃，於是，民間就有了「寒露吃芝麻」的習俗。在北京，與芝麻有關的食品都成了寒露前後的熱門貨，如芝麻酥、芝麻綠豆糕、芝麻燒餅等。芝麻有健脾胃、利小便、和五臟、助消化、化積滯、降血壓、順氣和中、平喘止咳等功效，抗衰老，廣泛應用於食療。

飲食養生

‖ 金秋之時，燥氣當令 ‖

寒露時節，雨水漸少，天氣乾燥，畫熱夜涼。此時養生的重點仍是養陰防燥、潤肺益胃，同時要避免因劇烈運動、過度勞累等耗散精氣津液。在飲食上還應少吃辛辣刺激、熏烤等食品，宜多吃些滋陰潤燥、益胃生津作用的食品。

在平衡飲食五味基礎上，根據個人的具體情況，適當多食甘、淡滋潤的食品，既可補脾胃，又能養肺潤腸，可防治咽乾口燥等症。水果有梨、柿、荸薺、香蕉等；蔬菜有胡蘿蔔、冬瓜、蓮藕、銀耳等，以及豆類、菌類、海帶、紫菜等。早餐應吃溫食，最好喝熱藥粥，因為粳米、糯米均有極好的健脾胃、補中氣的作用，像甘蔗粥、玉竹粥、沙參粥、生地粥、黃精粥等。

中老年人和慢性病患者應多吃些紅棗、蓮子、山藥、鴨、魚、肉等食品。少食辛辣之品，如辣椒、生薑、蔥、蒜類，因過食辛辣易傷人體陰精。也可以煮一點百棗蓮子銀杏粥經常喝，經常吃些山藥和馬蹄也是不錯的養生之法。

楓橋夜泊

〔唐〕張繼

月落烏啼霜滿天，江楓漁火對愁眠。
姑蘇城外寒山寺，夜半鐘聲到客船。

太陽位於黃經210度時為霜降，交節時間為10月23日或24日。霜降是指初霜，《月令七十二候集解》載：「九月中，氣肅而凝露結為霜矣。」《二十四節氣解》載：「氣肅而霜降，陰始凝也。」可見「霜降」表示天氣逐漸變冷，開始降霜。

氣候變化

霜降時節，天氣漸冷，東北北部、內蒙古東部和西北大部平均氣溫已在0℃以下，此時東北地區已見雪花。黃河中下游地區的初霜日一般在10月下旬至11月初，這與霜降節氣的時段相吻合。但是長江以南地區，初霜期至少要等到20天之後。緯度偏南的南方地區，平均氣溫多在16℃左右，離初霜日期還有三個節氣。在華南南部河谷地帶，則要到隆冬時節，才能見霜。當然，即使在緯度相同的地方，由於海拔高度和地形不同，貼地層空氣的溫度和濕度有差異，初霜期和霜日數也就不一樣了。

農事活動

‖ 農作農收 ‖

「霜降」也是重要的農作時期，霜降節氣是大秋作物最後完成收穫的季節。長江中下游及以南的地區此時正值冬麥播種的黃金季節。對於冬麥和油菜應及時間苗定苗，中耕除草，防治蚜蟲。晚稻成熟後抓緊收穫，以防雀害和落粒。油菜一般已進入二葉期，「霜降一過百草枯，薯類收藏莫遲誤」，霜降過後，中國南方大部分地區開始大量收挖紅苕。霜降後北方大部分地區已在秋收掃尾，即使耐寒的蔥也不能再長了，因為「霜降不起蔥，越長越要空」。該種的已經種上了，部分農地將處於冬閒時段。華北地區霜降後，即到了收穫大白菜的時候。

‖ 防霜凍 ‖

「霜降殺百草」，霜對生長中的農作物危害很大。嚴霜打過的植物，一點生機也沒有，給小麥、油菜等處於幼苗期的抗寒能力差的農作物造成凍害；霜凍還會影響棉花的品質，形成「霜後花」或「紅花」。這是由於植株

體內的液體，因霜凍結成冰晶、蛋白質沉澱，細胞內的水分外滲，使原生質嚴重脫水而變質。其實，霜和霜凍雖形影相連，但危害莊稼的是「凍」不是「霜」。與其說「霜降殺百草」，不如說「霜凍殺百草」。霜是天冷的表現，凍是殺害莊稼的敵人。由於凍則有霜（有時沒有霜稱黑霜），所以把秋霜和春霜統稱霜凍。

防霜措施有：①適時早種，錯開晚秋霜凍。②選用早熟高產品種。③澆水，因為乾土比濕土散熱快。防霜的效果以灌溉的當天或次日為好。最好的時機在冷空氣剛過風靜下來而霜凍尚未發生時進行灌溉。④熏煙，可在小範圍內形成保溫雲層，減輕凍害。一般在霜凍即將發生時點燃發煙物，使煙堆放熱，煙霧成幕，有降低熱輻射減慢降溫和增加植株間溫度的作用，可選用易發煙的柴草。此法可使株間溫度提高0.5至2℃。用化學藥劑發煙防霜，比用柴草省工而經濟，效果也好，但應選擇對人和作物無害的化學藥劑。⑤覆蓋法，此法適用於小面積作物防霜。可用草簾、席子、泥缽、塑膠布、草木灰覆蓋在蔬菜等作物上，使地面田間的熱量不易散失，延遲收穫期。⑥施腐殖酸鈉或磷肥，使作物提前成熟。

興修水利、種植防護林帶和進行農田基本建設都能改善農田小氣候，是防禦霜凍的根本性措施。

傳統習俗

‖ 迎霜降 ‖

《浙江志書》記載，富陽縣「霜降前一日，縣令命捕職查點民壯保甲，揚兵大道，民多往觀，謂之迎霜降。至日，縣令詣演武場，親閱操演校射，以行賞罰」。

相傳清代以前，江蘇常州府武進縣的教場演武廳旁的旗纛（音「道」）廟有隆重的收兵儀式。按古俗，每年立春為開兵之日，霜降是收兵之期，所

以霜降前夕，府、縣的總兵和武官們，都要全副武裝，身穿盔甲，手持刀槍弓箭，列隊前往旗纛廟舉行收兵儀式，以祈祓除不祥、天下太平。

清代霜降日的五更清晨，武官們便會集廟中，在演武廳迎接巡視的帝王。祭祀完畢，列隊齊放空槍三響，然後再試火炮、打槍，謂之「打霜降」，百姓觀者如潮。

‖ 祭旗神 ‖

霜降時節有祭旗神的習俗。祭旗神中有一項不可缺少的騎術表演，這一天騎兵會在馬背上進行各種各樣驚險的騎術表演。這個活動一直延續到清朝，江蘇儀征人厲秀芳（字惕齋，1794—1867）在《真州竹枝詞引》中是這樣說的：「霜降節祀旗纛神，遊府率其屬，枯盔貫鎧，刀矛雪亮，旗幟鮮明。往來於道，謂之『迎霜降』。嘗見由南城牆上，而東而北下至教場，軍容甚肅……。」

‖ 掃墓 ‖

古時候，霜降時節人們還要去掃墓。據《清通禮》記載：「歲寒食及霜降節，拜掃壙塋，屆期素服詣墓，具酒饌及芟剪草木之器；周胝封樹，剪除荊草，故稱掃墓。」如今，霜降掃墓的風俗已少見。但霜降時節的十月初一「寒衣節」，在民間仍較為盛行。寒衣節，也稱「十月朝」、「祭祖節」、「冥陰節」、「鬼節」等，與清明節、中元節並稱為三大「鬼節」。

為避免先人們在陰曹地府挨冷受凍，寒衣節這天晚上，人們要在門外焚燒夾有棉花的五色（紅、黃、藍、白、黑）紙，並且把餃子倒在一個灰圈內，意思是天氣冷了，給先人們送去禦寒的衣物。寒衣節寄託著今人對故人的懷念悲憫之情，也是親人們為所關心的人送禦寒衣物的日子。

‖ 賞菊賞楓 ‖

霜降時節正是秋菊盛開的時候，中國很多地方在這時要舉行菊花會，賞菊飲酒，北京文人多在天寧寺、陶然亭、龍爪槐等處舉行菊花會。

霜降後也是賞楓的好時節。楓葉遭霜侵後葉子更加火紅，色彩鮮豔，燦如錦繡。古人曾有「霜葉紅於二月花」的詩句。如蘇州的天平山、南京的棲霞山，都以楓葉美景著稱。夕陽西下，紅葉參差交錯，馳目遠眺，仿佛珊瑚火海，十分壯觀。

‖ 習武 ‖

陰曆九月萬物凋零，天氣蕭森，是殺伐的象徵。古人為了順應秋天的嚴峻肅殺，都在這個月操練戰陣，進行圍獵。正如《春秋感精符》所記載：「季秋霜始降，鷹隼擊，王者順天行誅，以成肅殺之威。」自漢代以來，就在季秋之月講習武事，操演比試射技，以進行賞罰，已沿襲成為慣例。賈思勰的《齊民要術》還將其列為農家九月中的事宜，「繕五兵，習戰射，以備寒凍窮厄之寇」。

‖ 秋獵 ‖

古時秋獵常在此時進行。概木葉盡落，鳥獸不易躲藏，山澤路徑也容易辨認，非常適宜打獵。過去，年輕力壯的人，常帶著獵具和鷹犬，大舉狩獵。林深木茂的地方，不論平原還是山谷，可以圈定一處，稱之為圍場。狩獵者人數可多可少，但均分成兩翼，由遠而近，漸漸逼近，合圍獵物。

‖ 鬥鵪鶉 ‖

明末清初陸啟浤寫的《北京歲華記》記載北方人在霜降後鬥鵪鶉，人將鵪鶉籠在袖中，如同捧著珍寶。南方大多在晚上鬥鵪鶉，決勝負。考究的人以皮手套將鵪鶉把在袖中，以此作為消遣。

唐、宋時期賽鶉在皇宮和民間都非常盛行。據《唐外史》載，西涼地區經過馴化，進貢給唐明皇的鵪鶉，可以隨金鼓的節奏而爭鬥。宋徽宗更喜歡飼養好鬥的鵪鶉，以供取樂。後來曾有《鵪鶉譜》總結養鵪鶉的經驗。到了明、清年間，鬥鶉已成了達官貴人的一種賭博方式。

‖ 吃柿子 ‖

霜降時節在南方很多地區都有吃柿子的習俗。俗話說：「霜降吃丁柿，不會流鼻涕。」民間認為霜降吃柿子，冬天就不會感冒、流鼻涕。事實上，由於柿子都是在霜降前後完全成熟，此時節的柿子皮薄、肉多、味鮮美，且營養豐富，深受喜愛，因而就形成霜降時節吃柿子的習俗。此時天氣轉寒，吃柿子不僅可以防寒保暖，而且還能補筋骨，非常適合霜降時節食用。有些地方則認為此時節吃柿子，到了冬天嘴唇就不會乾裂。

‖ 送芋鬼 ‖

在廣東佛山高明地區，霜降有「送芋鬼」的習俗。人們會用瓦片堆砌成河內塔，在塔裡面放入乾柴點燃，火燒得越旺越好，直至瓦片燒紅，再將河內塔推倒，用燒紅的瓦片煨芋頭，這在當地稱為「打芋煲」，最後把瓦片丟到村外，稱為「送芋鬼」。人們以這樣的方式，避凶迎祥。

民間禁忌

‖ 忌不見霜 ‖

雲南諺語說：「霜降無霜，碓頭沒糠。」霜降無霜，來年可能鬧饑荒。在江蘇太倉一帶，則有「霜降見霜，米爛陳倉」之說，意思是霜降日見霜，來年就會是個豐收年，米多得都爛在倉庫裡。若未到霜降而下霜，稻穀收成受到影響，米價就高，有諺語說：「未霜見霜，賣米人人像霸王。」彝族則忌霜降日用牛犁田，認為會導致草枯。

‖ 忌颱風 ‖

東北地區在霜降這一天是禁忌颱風的，人們認為要是在這一天颱風，接下來的氣溫會非常冷，豬會被凍死。在這一天人們會專門舉行一個盛會，讓這個時節熱鬧起來，讓人們忘記寒冷。在霜降當天晚上，每家每戶都會拿

上自家的特產來到廣闊的田野之上，在田野裡擺上桌椅，在田野中間堆上柴火，大家圍著火堆盡情歌唱。人們希望用這種方式溫暖大地，讓接下來的冬天可以暖暖地度過，希望牲畜可以平安過冬。

飲食養生

民間有「冬補不如補霜降」的說法。霜降是秋季的最後一個節氣，秋令屬金，脾胃為後天之本，此時宜平補，尤其應健脾養胃，以養後天。健脾養陰潤燥的食物有很多，如玉蜀黍、蘿蔔、栗子、秋梨、百合、蜂蜜等。當然，也可配合藥膳進行飲食調養。白果蘿蔔粥可固腎補肺，止咳平喘。清蒸人參雞具有滋補腎陰、補血益氣的功效。也可用花生米大棗燒豬蹄，同樣具有以上功效。

‖ 進補 ‖

民間有先「補重陽」後「補霜降」的說法。霜降時節，天氣越發寒冷，民間食俗也非常有特色。古人秋天吃羊肉和兔肉進補。因此，民間就有「煲羊肉」、「煲羊頭」、「迎霜兔肉」的食俗。醫書上也有加「四珍」、「八珍」的補藥煲羊肉，可以輔療肺病、瘧疾的記載。迎霜兔肉就是經霜（即霜降）的兔子肉，這時候的兔肉味道鮮美，營養價值較高。

‖ 吃乾果、水果 ‖

栗子具有養胃健脾、補腎強筋、活血止血、止咳化痰的功效，是這時的進補佳品。霜遍佈在草木土石上，俗稱打霜。而經過霜覆蓋的蔬菜，如菠菜、冬瓜，吃起來味道特別鮮美；霜打過的水果，如葡萄，就很甜。

冬景　劉克莊

晴窗早覺愛朝曦，竹外秋聲漸作威。

命僕安排新暖閣，呼童熨貼舊寒衣。

葉浮嫩綠酒初熟，橙切香黃蟹正肥。

蓉菊滿園皆可羨，賞心從此莫相違。

劉克莊，初名灼，字潛夫，號後村，南宋豪放派
詩人、辛派詞人重要代表。這首詩描寫的是晚
秋初冬景色，先寫景，再敘事，最後一句抒懷，
一氣呵成，戛然而止。作者沒有因為冬天的到
來而感傷，卻是眉飛色舞、得意享受的神態。

立冬

立冬補冬，補嘴空。

立冬落雨會爛冬，吃得柴盡米糧空。

立冬之日起大霧，冬水田裡點蘿蔔。

立冬小雪緊相連，冬前整地最當先。

立冬有雨防爛冬，立冬無魚防春旱。

立冬打雷要反春。（北方）

霜降醃醃白菜，立冬不使牛。（北方）

立冬東北風，冬季好天空。（閩南）

雷打冬，十個牛欄九個空。（北方）

立冬晴，一冬晴；
立冬雨，一冬雨。

重陽無雨看立冬，
立冬無雨一冬乾。

立冬北風冰雪多，
立冬南風無雨雪。

逢雪宿芙蓉山主人　劉長卿

日暮蒼山遠，天寒白屋貧。

柴門聞犬吠，風雪夜歸人。

劉長卿，字文房，唐開元中進士，歷任監察禦史。
這首詩描繪的是一幅風雪夜歸圖。全詩按時間順序
寫，先寫旅客在山路上行進時所感，到達投宿人家
時所見，最後是入夜後在投宿人家所聞。

小雪

瑞雪兆豐年。

小雪封地，大雪封河。

小雪收蔥，不收就空。（山東）

小雪不耕地，大雪不行船。

小雪地不封，大雪還能耕。

小雪地能耕，大雪船帆撐。

小雪不砍菜，必定有一害。

到了小雪節，果樹快剪截。

小雪雪滿天，來年必豐年。（河北）

小雪不起菜（白菜），就要受凍害。

小雪節到下大雪，大雪節到沒了雪。

小雪大雪不見雪，小麥大麥粒要瘪。

小雪雖冷窩能開，家有樹苗儘管栽。

立冬小雪北風寒，棉糧油料快收完。

沁園春·雪 毛澤東

北國風光，千里冰封，萬里雪飄。望長城內外，

惟餘莽莽；大河上下，頓失滔滔。山舞銀蛇，原馳蠟象，

欲與天公試比高！須晴日，看紅裝素裹，分外妖嬈。

　　江山如此多嬌，引無數英雄競折腰。

惜秦皇漢武，略輸文采；唐宗宋祖，稍遜風騷。一代天驕，

成吉思汗，只識彎弓射大雕。俱往矣，數風流人物，還看今朝。

這首詞是毛澤東於1936年2月所作。「沁園春」為詞牌名。這首詞畫面雄偉壯闊而又妖嬈美好，意境壯美雄渾，氣勢磅礴，感情奔放，胸懷豪邁。上片描寫北國雪景，展現祖國山河的壯麗；下片由祖國山河的壯麗引出英雄人物，縱論歷代英雄，抒發詩人的抱負。

大雪

雪有三分肥。

冬無雪，麥不結。

雪多下，麥不差。

冬雪一層面，春雨滿囤糧。

白雪堆禾塘，明年谷滿倉。

雪在田，麥在倉。

大雪三白，有益菜麥。

今冬雪不斷，明年吃白麵。

今冬大雪飄，來年收成好。

大雪紛紛落，明年吃饃饃。

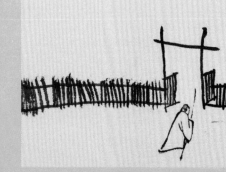

邯鄲冬至夜思家　白居易

邯鄲驛裡逢冬至，抱膝燈前影伴身。

想得家中夜深坐，還應說著遠行人。

白居易，字樂天，晚年又號香山居士，唐代偉
大的現實主義詩人，中國文學史上負有盛名且
影響深遠的詩人和文學家，有「詩魔」和「詩
王」之稱。這首詩反映了遊子思鄉之情，作者
在冬至節日深夜伴孤燈，遙想家中的親人也一
定是深夜不眠，思念漂泊在外的親人。

冬至

冬至大如年。

陰過冬至晴過年。

冬至不冷，夏至不熱。

冬至有雪，九九有雪。

冬至暖，烤火到小滿。

冬至下場雪，夏至水滿江。

冬至晴一天，春節雨雪連。

冬至沒打霜，夏至乾長江。

冬至西北風，來年乾一春。

冬至毛毛雨，夏至漲大水。

冬至強北風，注意防霜凍。

冬至出日頭，過年凍死牛。

冬至天氣晴，來年百果生。

冬至蘿蔔夏至薑，適時進食無病痛。

冬至落雨星不明，大雪紛紛步難行。

臘梅香　喻陟

曉日初長，正錦裡輕陰，小寒天氣。未報春消息，早瘦梅先發，淺苞纖蕊。搵玉勻香，天賦與、風流標緻。問隴頭人，音容萬里。待憑誰寄。一樣曉妝新，倚朱樓凝盼，素英如墜。映月臨風處，度幾聲羌管，愁生鄉思。電轉光陰，須信道、飄零容易。

　　且頻歡賞，柔芳正好，滿簪同醉。

喻陟，字明仲，宋神宗元豐四年（1081年）為開封府司錄參軍，哲宗元祐元年（1086年）為福建路提點刑獄。這首詞是詠梅傑作。在小寒天氣下，梅花不畏嚴寒「生發」，還散發著香氣，「梅花香自苦寒來」。

小寒

小寒時處二三九，天寒地凍北風吼。

小寒節，十五天，七八天處三九天。

三九、四九，凍破碓臼。

臘月三白，適宜麥菜。

臘七臘八，凍裂腳丫。

臘七臘八，凍死旱鴨。

臘七臘八，出門凍煞。

小寒勝大寒，常見不稀罕。

三九不封河，來年雹子多。

臘月三場霧，河底踏成路。

臘月三場白，來年收小麥。

大雪年年有，不在三九在四九。

小寒大寒，準備過年。

小寒大寒，凍成一團。

村居苦寒　白居易

八年十二月，五日雪紛紛。竹柏皆凍死，況彼無衣民。

回觀村閭間，十室八九貧。北風利如劍，布絮不蔽身。

唯燒蒿棘火，愁坐夜待晨。乃知大寒歲，農者尤苦辛。

顧我當此日，草堂深掩門。褐裘覆絁被，坐臥有餘溫。

倖免饑凍苦，又無壟畝勤。念彼深可愧，自問是何人。

白居易，字樂天，號香山居士，唐代著名詩人。這首詩分
兩大部分，前一部分寫農民在北風如劍、大雪紛飛的寒
冬，缺衣少被，夜不能眠，他們是多麼痛苦啊！後一部分
寫自己在這樣的大寒天卻是深掩房門，有吃有穿，又有好
被子蓋，既無挨餓受凍之苦，又無下田勞動之勤。作者
把自己的生活與農民的痛苦作了對比，深深感到慚愧和內
疚，以致發出「自問是何人」的慨歎。

大寒

小寒大寒，殺豬過年（春節）。

過了大寒，又是一年。

大寒到頂點，日後天漸暖。

小寒不如大寒寒，大寒之後天漸暖。

大寒日怕南風起，當天最忌下雨時。

大寒天氣暖，寒到二月滿。

大寒一夜星，穀米貴如金

大寒不寒，春分不暖。

大寒不凍，冷到芒種。

立冬

細雨生寒未有霜

立冬即事二首

〔宋〕仇遠

細雨生寒未有霜，庭前木葉半青黃。

小春此去無多日，何處梅花一綻香。

　　立冬是冬季的第一個節氣，每年11月7日或8日交節，此時太陽已到達黃經225度。《月令七十二候集解》：「立冬，十月節……冬，終也，萬物收藏也。」意思是說秋季作物全部收曬完畢，收藏入庫；動物也已藏起來準備冬眠，規避寒冷。

氣候變化

民間習慣以「立冬」為冬季的開始。但是中國幅員遼闊，除全年無冬的華南沿海和長冬無夏的青藏高原地區外，各地的冬季並不是同時開始的。按氣候學劃分四季標準，以下半年候（5天）平均氣溫降到10℃以下為冬季，則「立冬，冬日始」的說法與黃淮地區的氣候規律基本吻合。

根據以往的經驗，中國最北部的漠河及大興安嶺以北地區，9月上旬就進入漫長的冬季了；10月上中旬，西北、東北的部分地區先後邁入冬天的門檻；首都北京於10月下旬也已一派冬天的景象；10月底到11月初，冬季來到東北南部、華北、黃淮地區；而在11月底小雪節氣期間，長江流域才可以看到冬天的景象；12月初，冬季逼近兩廣北部的武夷山脈和南嶺北坡。

‖ 寒潮 ‖

立冬時北方冷空氣也已具有較強的勢力，常頻頻南侵，有時形成大風、降溫並伴有雨雪的寒潮天氣。從多年的平均狀況看，11月是寒潮出現最多的月份。劇烈的降溫，特別是冷暖異常的天氣對人們的生活、健康，以及農業生產均有嚴重的不利影響。

‖ 降水 ‖

立冬前後，大部分地區降水顯著減少，空氣一般漸趨乾燥，土壤含水較少。高原雪山上的雪已不再融化。在華北等地可能出現初雪。長江以北和華南地區的雨日和雨量均比江南地區要少。西南地區典型的華西連陰雨結束，但相對全中國雨水基本都少的情況，它還是雨水偏多的地方。按照西南地區降水的時間分佈，11月進入了一年中的乾季。西南西北部乾季的特點更加明顯。四川盆地、貴州東部、雲南西南部，11月還有50毫米以上的雨量。在雲南，晴天溫暖，雨天陰冷，有「四季如春，一雨便冬」的說法。如果遇到較強的冷空氣入侵，有暖濕氣流呼應，南方地區的雨量還會較大。

農事活動

立冬前後，大部分地區降水顯著減少。東北地區大地封凍，農林作物進入越冬期；江淮地區「三秋」已接近尾聲；江南地區正忙著搶種晚茬冬麥，抓緊移栽油菜；而華南地區卻是「立冬種麥正當時」的最佳時期。此時水分條件的好壞與農作物的苗期生長及越冬都有著十分密切的關係。

華北及黃淮地區要在日平均氣溫下降到4℃左右，田間土壤夜凍晝消之時，抓緊時機澆好麥、菜及果園的冬水，補充土壤水分不足，改善田間小氣候環境，防止「旱助寒威」，減輕和避免凍害的發生。江南及華南地區，開好田間「豐產溝」，做好清溝排水，防止冬季澇漬和冰凍危害。

‖ 曬糧越冬 ‖

立冬時節正是秋收冬種的大好時段，各地要充分利用晴好天氣，作好晚稻的收、曬、晾，保證入庫品質。冬小麥播種要抓緊，注意收聽氣象預報，巧用天時，下雨早播，不如搶晴略為遲播，以保證播種品質，力求做到帶藥越冬，防止年內拔節，並儘量擴大冬種面積，減少空閒田。各地要抓好冬種、冬修水利、冬季積肥工作。

‖ 種蔥、蒜 ‖

立冬時節雖然天氣變冷，但有些作物仍可在入冬前搶種，如黃河中下游地區這時還可以種大蔥和大蒜，農諺說：「十月半，種大蒜。」另外立冬也是收穫秋菜的時節，若不及時收摘，很容易受到冰雪的危害，因此也有「立冬不起菜，必定要受害」之說。

傳統習俗

‖齋三官‖

農曆十月十五，是古老的「下元節」，也是「水官生日」。此時，正值農作物收穫季節，武進一帶幾乎家家戶戶用新穀磨糯米粉做小糰子，包素菜餡心，蒸熟後在大門外「齋天」。有舊時俗諺云：「十月半，牽礱糰子齋三官。」以此祈求風調雨順。《夢粱錄》中是這樣記載：「十月十五日，水官解厄之日。宮觀士庶設齋建醮，或解厄，或薦亡。」可見唐宋時代人們對這個節日已經極為重視。

辛亥革命以後，此風俗逐漸被廢除，慢慢地人們對「三元」的認識也逐漸模糊，三官生日也漸漸淡出人們的記憶，但是「齋三官」的風俗還一直傳承著，只是現在主要是在這個時節用新米磨粉做糰子。有些人還會按古時習俗在大門口豎起一個「天杆」，白天在杆頂張掛杏黃旗，晚上換上三盞「天燈」，以祭祀天、地、水「三官」。

‖迎冬‖

古時立冬之日，天子有北郊迎冬之禮，並有賜群臣冬衣、矜恤孤寡之制。後世大體相同。立冬前三天，負責天象觀測記錄的官員太史要特地向天子稟報：「某日立冬，盛德在水。」於是，天子齋戒三天，立冬這天沐浴更衣，率三公九卿大夫到京郊六裡處迎接冬氣。迎回冬氣後，天子要對為國捐軀的烈士及其家小進行表彰與撫恤。

‖拜冬‖

「拜冬」習俗始於漢代，東漢崔寔《四民月令》中是這樣記載的：「冬至之日進酒肴，賀謁君師耆老，一如正日。」到了宋代，每當到了立冬時節人們就會換新衣，就像過年一樣。直到清代，「至日為冬至朝，士大夫家拜賀尊長，又交相出謁。細民男女，亦必更鮮衣以相揖」，「拜冬」因此而得

名。後來賀冬的傳統風俗變得普遍和簡單化了。人們會在這一天辦冬學。冬學是一種「訓練班」，專門招收有專長的人，訓練他們的專業知識，培養人才。冬學的地點一般會選在廟宇和公房中。

‖ 補冬 ‖

農曆十月立冬，又叫「交冬」，時序進入冬令，民間有「入冬日補冬」的食俗。古人認為天轉寒冷，要補充身體營養。勞動了一年，利用立冬這一天要休息，順便犒賞一家人的辛苦，而且此時最宜進補。食補可補充元氣，抵禦冬天的嚴寒，俗語即說「立冬補冬，補嘴空」。

補冬在中國北方大部分地區都有吃餃子的食俗，在南方立冬這天補冬的方式是吃些雞鴨魚肉等。在臺灣，立冬這一天，街頭的羊肉爐、薑母鴨等冬令進補餐廳高朋滿座，許多家庭還會燉麻油雞、四物雞來補充能量。另外，進補人參、鹿茸、狗肉及雞鴨燉八珍等，也是較流行的補冬方式。

‖ 吃餃子 ‖

北方「補冬」習俗，要吃餃子，因為餃子來源於「交子之時」的說法。大年三十是舊年和新年之交，立冬是秋冬季節之交，故「交」子之時的餃子不能不吃。

‖ 吃熏肉、釀黃酒 ‖

湖南醴陵人在立冬這天，要開始熏製有名的「醴陵焙肉」，這種肉用灶上的煙火慢慢熏焙而成，尤以松枝熏出來的肉為上品。在浙江紹興，立冬亦是開釀黃酒之日，這天要祭祀「酒神」，祈求福祉。

‖ 祭祖、飲宴 ‖

立冬是寒風乍起的節氣，也是收穫、祭祀與豐年宴會隆重舉行的時間，有「十月朔」、「秦歲首」、「寒衣節」、「豐收節」等節日。在漢族民間，有祭祖、飲宴、蔔歲等習俗，以時令佳品向祖靈祭祀，以盡為人子孫的義務和責任，祈求上天賜給來歲的豐年，農民亦獲得飲酒與休息的酬勞。

‖ 放牧 ‖

冬季寒冷漫長，嫩草很少，餵養牲口一般都是乾草料。為了改善牲畜營養，人們會在嚴冬來臨之前的深秋和初冬季節放牧，於是就有了立冬放牛吃青草的習俗。麥地裡一層青草鋪滿大地，人們會在初冬到麥田放牧。

飲食養生

養生要遵循「秋冬養陰」、「無擾乎陽」、「虛者補之，寒者溫之」的古訓，隨四時氣候的變化而調節飲食。元代忽思慧所著《飲膳正要》曰：「冬氣寒，宜食黍，以熱性治其寒。」也就是說，少食生冷，但也不宜燥熱，有的放矢地食用一些滋陰潛陽、熱量較高的膳食為宜，同時也要多吃新鮮蔬菜以避免維生素的缺乏。

這裡須注意的是，中國幅員遼闊，地理環境各異，人們的生活方式不同，同屬冬令，西北地方與東南沿海的氣候條件迥然有別。冬季的西北地方天氣寒冷，進補宜大溫大熱之品，如牛肉、羊肉、狗肉等；而長江以南地區雖已入冬，但氣溫較西北地方要溫和得多，進補應以清補甘溫之味，如雞、鴨、魚類等；地處高原山區，雨量較少且氣候偏燥的地帶，則應以甘潤生津之品的果蔬、冰糖為宜。

除此之外，還要因人而異，因為食有穀肉果菜之分，人有男女老幼之別，體質有虛實寒熱之辨，本著人體生長規律，中醫養生原則，少年重養，中年重調，老年重保，耄耋重延。故「冬令進補」應根據實際情況有針對性地選擇清補、溫補、小補、大補，萬不可盲目「進補」。

‖ 溫熱補益 ‖

在寒冷的天氣中，應該多吃一些溫熱補益的食物，這不僅能使身體更強壯，還可以起到很好的禦寒作用。一般人可以適當食用一些熱量較高的食

品，特別是北方，要適當增加主食和油脂的攝入，保證優質蛋白質的供應，如狗肉、羊肉、牛肉、雞肉、鹿肉、蝦、鴿、鵪鶉、海參等食物中富含蛋白質及脂肪，產熱量多，禦寒效果好。但同時也要多吃新鮮蔬菜，吃一些富含維生素和易於消化的食物。

‖吃含碘、維生素的食物‖

立冬時節氣溫驟降，身體一些部位對寒冷特別敏感，應當特別注意飲食保暖。海帶、紫菜可促進甲狀腺素分泌。人體的甲狀腺分泌物中有一種叫甲狀腺素，它能加速體內很多組織細胞的氧化，增加身體的產熱能力，使基礎代謝率增強，皮膚血液迴圈加快，抗冷禦寒，而含碘的食物可以促進甲狀腺素分泌。

含碘豐富的食物有：海帶、紫菜、髮菜、海蜇、菠菜、大白菜、玉米等。另外，動物肝臟、胡蘿蔔也可增加抗寒能力。寒冷氣候使人體維生素代謝發生明顯變化，增加攝入維生素A和維生素C，可增強耐寒能力和對寒冷的適應力，並對血管具有良好的保護作用。維生素A主要來自動物肝臟、胡蘿蔔、深綠色蔬菜等，維生素C則主要來自新鮮水果和蔬菜。

‖少吃鹹，多吃苦味食物‖

立冬時應少食鹹，多吃點苦味的食物。冬季為腎經旺盛之時，而腎主鹹，心主苦。從祖先的醫學五行理論來說，鹹勝苦、腎水剋心火。若鹹味吃多了，就會使本來就偏高的腎水更高，從而使心陽的力量減弱，所以應多食些苦味的食物，以助心陽，這樣就能抗禦過盛的腎水。正如《四時調攝箋》裡所說：「冬月腎水味咸，恐水剋火，故宜養心。」

小雪

塞鴻飛去遠連霞

小雪

〔宋〕釋善珍

雲暗初成霰點微，旋聞蔌蔌灑窗扉。
最愁南北犬驚吠，兼恐北風鴻退飛。
夢錦尚堪裁好句，鬢絲那可織寒衣。
擁爐睡思難撐拄，起喚梅花為解圍。

　　小雪節氣此時太陽到達黃經240度，11月22日或23日交節。此時開始
降雪，雪量小，地面無積雪。古籍《群芳譜》中說：「小雪氣寒而將雪
矣，地寒未甚而雪未大也。」這就是說，到小雪節氣由於天氣寒冷，降
水形式由雨變為雪，但此時由於「地寒未甚」，故雪量還不大，所以稱
為小雪。因此，小雪表示降雪的起始時間和程度，和雨水、穀雨等節氣
一樣，都是直接反映降水的節氣。

氣候變化

小雪節氣，東亞地區已建立起比較穩定的經向環流，西伯利亞地區常有低壓或低槽，東移時會有大規模的冷空氣南下，中國東部會出現大範圍大風降溫天氣。小雪節氣是寒潮和強冷空氣活動頻數較高的節氣。

‖ 氣溫低 ‖

小雪階段比入冬階段氣溫低，冷空氣使中國北方大部地區氣溫逐步達到0℃以下。據氣象記錄，北京、天津、濟南、鄭州、西安等地，初雪期均在11月下旬，即小雪節氣前後。然而，東北、內蒙古、新疆北部等地，在此前一個月就下雪了。長江以南地區，一般則要在「小雪」後一個月才見初霜。北方的冬天氣溫雖然經常在零度以下，且通常伴隨著呼嘯的狂風，可即便氣溫再低，只要看到太陽，就像頃刻間觸到暖意。

‖ 小雪 ‖

根據氣象觀測資料，黃河中下游地區的平均初雪日一般都在11月下旬，這說明，以開始降雪來作為小雪節氣的氣候含義是完全符合黃河中下游地區的氣候特徵。從這時開始，從天而降的就不再是雨水，而應該是雪花了。但這時剛進入冬季不久，氣溫也沒有降得很多，所以雪下得不很大，下到地上很快就會融化，形不成明顯的積雪。如果冷空氣勢力較強，暖濕氣流又比較活躍的話，也有可能下大雪。

農事活動

農諺道：「小雪雪滿天，來年必豐年。」這裡有三層意思，一是小雪落雪，來年雨水均勻，無大旱澇；二是下雪可凍死一些病菌和害蟲，來年減輕病蟲害的發生；三是積雪有保暖作用，利於土壤的有機物分解，增強土壤肥

力。因此俗話說「瑞雪兆豐年」，是有一定科學道理的。

‖ 防寒收菜 ‖

北方地區小雪節氣以後，果農開始為果樹修枝，以草秸編箔包紮株桿，以防果樹受凍。且冬日蔬菜多採用土法儲存，或用地窖，或用土埋，以利食用。俗話說「小雪鏟白菜，大雪鏟菠菜」，如果誤了農時，那就「小雪不收菜，凍了莫要怪」了。白菜深溝土埋儲藏時，收穫前十天左右即停止澆水，做好防凍工作，以利貯藏。儘量擇晴天收穫，收穫後將白菜根部向陽晾曬3至4天，待白菜外葉發軟後再進行儲藏。

‖ 收晚稻、播冬麥 ‖

在南方，小雪節氣仍是秋收秋種的大忙季節，除收穫晚稻外，秋大豆、秋花生、晚甘薯也都要相繼收挖。

小雪是小麥播種的關鍵時期，應在小雪後三五天播種完畢。因為這時氣溫尚高，日照充足，有利於出苗。播種時應施足基肥，遇乾旱要即時灌水和中耕除草，對播種時未施基肥或基肥不足的，要即時追肥。小麥種完後，就要抓緊播種大麥，大麥的生育期比小麥短，遲播早熟，適應性廣，可適當多種，單、雙季稻田均可以種，並不影響早稻的適時播種。

傳統習俗

‖ 醃寒菜 ‖

小雪節氣，人們開始準備禦寒衣物、手爐、湯婆之類，同時房內掛棉簾以防寒。家家戶戶開始醃制、風乾各種蔬菜（包括白菜、蘿蔔），以及雞鴨魚肉等，延長蔬菜、肉類等的存放時間，以備過冬食用。

華東江浙一帶會在小雪時節醃寒菜。清代厲惕齋在其《真州竹枝詞引》描述此情景：「小雪後，人家醃菜，曰『寒菜』。」除此之外，還要把糯米

炒熟儲存起來，以供寒冬時泡開水吃，當地民諺說：「炒糯米曰『炒米』，蓄以過冬。」

‖ 醃香腸、臘肉 ‖

小雪節氣後，一些農家開始自己做香腸、臘肉。中華民族醃制臘肉已有幾千年的歷史，民間有「冬臘風醃，蓄以禦冬」的說法。每到冬臘月，即「小雪」至「立春」前，每家每戶都要殺豬宰羊，除保留夠過年用的鮮肉之外，還要再留出一部分，人們用食鹽，配上花椒、大料、桂皮、丁香等香料，把肉醃在缸裡。

經過7至15天之後，用棕葉或者竹篾繩索穿掛起來，滴乾水，再用柏樹枝條樹葉、甘蔗皮熏烤，最後掛起來用煙火慢慢熏乾而製成臘肉。等到春節時正好拿來享用。只因小雪後氣溫迅速下降，天氣變得乾燥，是加工臘肉的好時期。

‖ 釀酒 ‖

民間小雪日釀酒，稱之為小雪酒。《詩經·國風》中就有「十月穫稻，為此春酒，以介眉壽」的說法。釀酒多在冬季，因為此時農事已畢，穀物收穫，而歲末祭祀多需要用到酒。近代各地民間釀酒大多仍按照這個時間。浙江安吉入冬後，家家釀制林酒，稱之為過年酒。平湖一帶農曆十月上旬釀酒儲存，稱之為十月白。

用純白麵做酒麴，而用白米、泉水來釀酒的，叫作三白酒。到春月在其中加入少許桃花瓣，又稱之為桃花酒。江山一帶在冬季汲取井華水釀酒，藏到來年春天桃花開放時飲，稱之為桃花酒。孝豐在立冬釀酒，長興在小雪後釀酒，都稱為小雪酒，該酒儲存到第二年，色清味冽。這是因為小雪時，水極其清澈，足以與雪水相媲美。

‖ 白雪節 ‖

「十月小雪雪滿天，明年必定是豐年。」小雪節的降雪，對農業生產非

常有益。中國維吾爾族有傳統節日「白雪節」，人們在第一場雪降落時舉行慶祝活動，相互請客吃飯，朋友們相聚一方歌舞，歡樂至深夜。

‖ 曬魚乾 ‖

小雪時臺灣中南部海邊的漁民們會開始曬魚乾、儲存乾糧。烏魚群會在小雪前後來到臺灣海峽，另外還有旗魚等。臺灣俗諺「十月豆，肥到不見頭」，是指在嘉義縣布袋一帶，到了農曆十月可以捕到「豆仔魚」。

‖ 殺年豬 ‖

小雪前後，土家族又開始了一年一度的「殺年豬，迎新年」民俗活動，給寒冷的冬天增添了熱烈的氣氛。吃「刨湯」，是土家族的風俗習慣。在「殺年豬，迎新年」民俗活動中，用熱氣尚存的上等新鮮豬肉，精心烹飪而成的美食稱為「刨湯」，用來款待親朋好友。

飲食養生

宜吃熱量高的食物。在飲食上要多吃熱量較高的食物，並要儘量避免吃冷食，以免胃口不適，造成消化不良。在北方，小雪時節，一般人家都要吃涮羊肉。這個季節宜吃的溫補食品有羊肉、牛肉、雞肉等，宜吃的益腎食品有腰果、芡實、山藥、栗子、白果、核桃等。另外，要多吃燉食和黑色食品，如黑木耳、黑芝麻、黑豆等。

‖ 吃性冷的食物 ‖

小雪時候適當進補可平衡陰陽，但進食過多高熱量的補品，會導致胃、肺火盛，表現為上呼吸道、扁桃腺、口腔黏膜炎症或便秘、痔瘡等。因此，進補的時候尤其要注意是否符合進補的條件，虛則補，同時應當分清補品的性能和適用範圍，還應再吃些性冷的食物，如蘿蔔、松花蛋等。

大雪

朔風吹雪飛萬里

江 雪

〔唐〕柳宗元

千山鳥飛絕，萬徑人蹤滅。
孤舟蓑笠翁，獨釣寒江雪。

　　大雪節氣交節在12月7日或8日，此時太陽到達黃經255度，直射點快接近南回歸線，北半球晝短夜長，因而民間有「大雪小雪，煮飯不息」、「大雪小雪，燒鍋不歇」等說法，用以形容白晝短到一天內幾乎要連著做三頓飯。《月令七十二候集解》載：「大雪，十一月節。大者，盛也。至此而雪盛矣。」此時中國上下萬里雪飄的情形十分常見，用唐朝詩人柳宗元的「千山鳥飛絕，萬徑人蹤滅」來形容再恰當不過了。

氣候變化

大雪時節，除華南和雲南南部無冬區外，遼闊的大地均已披上冬日盛裝。東北、西北地方平均溫度已降至-10℃以下，黃河流域和華北地區氣溫穩定在0℃以下。在氣候正常年份，黃河流域以及以北地區已有積雪出現，冬小麥已停止生長。大雪以後，江南進入隆冬時節，各地氣溫顯著下降，常出現冰凍現象，「大雪冬至後，籃裝水不漏」，就是這個時間的真實寫照。但是有些年份也不盡然，氣溫較高，無凍結現象，往往造成後期雨水多。

‖ 大雪暴雪 ‖

大雪時節氣溫逐漸下降，下雪量也不斷加大，地上已經開始有積雪了。往往在強冷空氣前沿冷暖空氣交鋒的地區，會降大雪，甚至暴雪。然而，雖然大雪的意思是天氣更冷，降雪的可能性比小雪時更大，但不指降雪量一定很大。相反，大雪後各地降水量均進一步減少，東北、華北地區12月平均降水量一般只有幾毫米，西北地方還不到1毫米。

‖ 凍雨 ‖

強冷空氣到達南方，特別是貴州、湖南、湖北等地，容易出現凍雨。凍雨是從高空冷層降落的雪花，到中層有時融化成雨，到低空冷層，又成為溫度雖低於0℃，但仍然是雨滴的過冷卻水。過冷卻水滴從空中下降，當它到達地面，碰到地面上的任何物體時，立刻發生凍結，就形成了凍雨。

‖ 雨、霧 ‖

在南方，特別是廣州及珠三角一帶，此時依然草木蔥蘢，乾燥的感覺還是很明顯，與北方的氣候相差很大。南方地區冬季氣候溫和而少雨雪，平均氣溫較長江中下游地區約高2至4℃，雨量僅占南方全年的5%左右。偶有降雪，大多出現在1、2月份；地面積雪三五年難見到一次。這時，華南氣候還有多霧的特點，一般12月是霧日最多的月份。霧通常出現在夜間無雲或少雲

的清晨，氣象學稱之為輻射霧。「十霧九晴」，霧多在午前消散，午後的陽光會顯得格外溫暖。

農事活動

‖ 保苗抗寒 ‖

大雪節氣後，冬小麥完全進入冬眠狀態，停止生長，麥田管理要以保苗為主。冬季氣溫低，西北風多，風速強，空氣乾燥，如果麥田整地粗糙，坷垃多，底墒不足。因此，防止冬小麥的乾旱死苗是這個季節裡很重要的工作，必要時應在麥田裡增加蓋土，填補田間裂縫。在此期間，要抓住田間農活較少的時機，進行農田基本建設、興修水利，開展積肥造肥活動、處理秸稈，消滅越冬害蟲。

‖ 田間管理 ‖

江淮及以南地區的小麥、油菜仍在緩慢生長，仍要加強小麥、油菜等作物的田間管理，增溫保墒、清溝排水、追施臘肥，為安全越冬和來春生長做好準備；華南、西南地區小麥進入分蘗期，應結合中耕施好分蘗肥，做好冬季作物的清溝排水。此時雖在嚴寒天氣下，但貯藏的蔬菜和薯類要時常檢查，適時透氣，以防溫度上升過高、濕度過大引起爛窖。在不受凍害的前提下，應儘量地維持在較低的溫度。

‖ 防蟲害 ‖

大雪時，忌諱無雪。民間有「冬無雪，麥不結」、「大雪兆豐年，無雪要遭殃」的諺語，這是因為，嚴冬積雪覆蓋大地，不僅可保暖，起到提升地溫的作用；還可防止春旱，有助於冬小麥返青；更能凍死泥土中的病毒與病蟲害。正因為大雪有如此好處，因此農民忌諱大雪日無雪。民間也有大雪日天氣晴暖則預示來年人多疾病的說法。

傳統習俗

‖ 醃肉 ‖

在南京有「小雪醃菜，大雪醃肉」的習俗。大雪節氣一到，家家戶戶忙著醃制「鹹貨」。將大鹽加八角、桂皮、花椒、白糖等入鍋炒熟，待炒過的花椒鹽涼透後，塗抹在魚、肉和光禽內外，反覆揉搓，直到肉色由鮮轉暗，表面有液體滲出時，再把肉連剩下的鹽放進缸內，用石頭壓住，放在陰涼背光的地方，半月後取出，將醃出的滷汁入鍋加水燒開，撇去浮沫，放入晾乾的禽畜肉，一層層碼在缸內，倒入鹽滷，再壓上大石頭，十日後取出，掛在朝陽的屋簷下晾曬乾，以迎接新年。

‖ 紡織 ‖

大雪時節白天變短，夜晚會變得漫長。夜晚到來時，人們會紛紛進入自家的小作坊，在家中手工紡織，做刺繡，一直做到深夜。夜晚紡織逐漸成了南方地區的一個習俗。

‖ 賞雪景 ‖

自古大雪時節，全中國各地多在冰天雪地裡賞玩雪景。《東京夢華錄》關於臘月有記載道：「此月雖無節序，而豪貴之家，遇雪即開筵，塑雪獅，裝雪燈，以會親舊。」南宋周密《武林舊事》卷三有一段話描述了杭州城內的王室貴戚在大雪天裡堆雪人、雪山的情形：「禁中賞雪，多禦明遠樓，後苑進大小雪獅兒，並以金鈴彩縷為飾，且作雪花、雪燈、雪山之類，及滴酥為花及諸事件，並以金盆盛進，以供賞玩。」

‖ 藏冰 ‖

大雪時節氣溫酷寒，溫度低，非常適宜藏冰。官府或者民間這種藏冰的風俗歷史悠久，《詩經》裡就有記載：「二之日鑿冰沖沖，三之日納於淩

陰。」就是說十二月鑿下冰塊，正月裡搬進冰窖中。古時一些有錢人家會儲存冰塊，為了保證藏冰品質，每年還要維修和保養冰庫。冬季藏冰，等到天氣熱的時候開始用。

‖ 祭牧神 ‖

中國滇西北瀘沽湖地區的摩梭人自古流傳著祭牧神節，於每年農曆十一月十二日舉行祭祀節日，此時正處於大雪時節。每年此日清晨，村寨中各家都準備好豐盛的早餐，最重要的是要煮一個豬心，作為在飯前特別祭獻給「牧神」的心意。這一天，平常負責放牧的人要特別更換新衣以示慶賀收到來自家人的特殊禮遇，主婦要把最好的食物多分給他們，並把香腸、豬舌、豬蹄、米花糖、水果等放在一個大口袋裡，足夠他們在牧場吃六七天，借此慰問放牧人的勞苦。

鄂溫克和鄂倫春族的傳統節日米特爾節，流行於內蒙古自治區陳巴爾虎旗。「米特爾」為鄂倫春語音直譯，每年在農曆十一月十三日舉行。當地人們認為這一天是氣候變冷的轉捩點，因此以過節表示重視。他們生活在大興安嶺一帶，冬季十分寒冷，放牧與狩獵活動都極困難，所以要做好一切越冬的準備工作。是日有羊群的人，要把種羊歸入羊群，並賣一些大牲畜，把過冬春食用的牛、羊宰殺後儲存起來，確保冬季有足夠食用的凍肉和糧食。

民間禁忌

‖ 忌無雪 ‖

雪對農作物的成長有好處，既可以保暖，提升地溫，有利於小麥返青，還能防止病蟲害發生。在一些種莊稼的地區，大雪時節禁忌不下雪。農諺道：「冬無雪，麥不結。」雪是一個吉祥的象徵，只有下雪才會有個好收成。農諺道：「大雪兆豐年，無雪要遭殃。」

‖ 忌颳風 ‖

一些地方大雪時節禁忌颳風，民諺道：「大雪時節風刮起，身上凍傷要流血。」大雪這一天要是刮起大風，人們會認為今年大雪天氣會特別寒冷，會出現身體凍傷現象。這一天每家每戶都會在門前掛一個大紅燈籠，夜晚點亮，觀看雪景，還可以在燈光下面嬉戲。有些地方這一天會扭秧歌，在早上人們會換上喜慶的衣服來到大街上，排成整齊的隊伍伴隨著鼓樂聲盡情舞蹈。

‖ 忌掃雪 ‖

東北地區大雪時節禁忌掃雪，特別是大雪時節當天。人們把雪當成是上天的恩賜，是吉祥聖物。每當有雪降臨的時候，人們的心情都會變得開闊起來。在這一天人們會放下手中的事，聚集在廣闊的麥田中吶喊歌唱。人們用這種方式來表達對大雪的喜愛，以及對這個時節的喜愛。

飲食養生

大雪是進補的好時節，素有「冬天進補，開春打虎」的說法。冬令進補能調節體內的物質代謝，使營養物質轉化的能量最大限度地儲存於體內，有助於體內陽氣生發，俗話說「三九補一冬，來年無病痛」。此時宜溫補助陽，補腎壯骨，養陰益精。

‖ 吃富含蛋白質、維生素的食物 ‖

冬季食補應供給富含蛋白質、維生素和易於消化的食物。同時，飲食進補既要考慮地區間的差異，更要清楚自身的體質狀況。冬季，北方天氣寒冷，進補宜選溫熱之品，如牛肉、羊肉、狗肉等；南方的氣溫相對要高一些，所以進補應以平補為主，如雞、鴨、魚等；高原地區雨量較少且氣候偏燥，人們應該適當多吃甘潤生津的食品。

每個人的體質是不同的，飲食調養應有所區分。比如陰虛體質的人，可

適當多食豆漿、雞蛋、魚肉、蜂蜜、山藥、蘿蔔、牛奶、香蕉、雪梨等柔和甘潤的食物，以防燥護陰、滋腎潤肺，忌食辣椒、胡椒等燥熱食品；陽虛體質的人，可適當多吃豆類、大棗、山藥、南瓜、韭菜、芹菜、雞肉、桃等溫熱熟軟的食物，忌食乾硬、生冷食物。對一般人而言，大雪時節飲食也應以清燥潤肺、滋陰補腎的食物為主。

‖ 宜食熱粥 ‖

大雪節氣宜多食熱粥，飲食忌生冷。晨起服熱粥，晚餐宜節食，以養胃氣。特別是羊肉粥、糯米紅棗百合粥、八寶粥、小米牛奶冰糖粥等最適宜。還可常食有養心除煩作用的小麥粥、益精養陰的芝麻粥、消食化痰的蘿蔔粥、養陰固精的胡桃粥、益氣養陰的大棗粥等。

‖ 吃新鮮蔬菜 ‖

大雪節氣，室內乾燥，雖然冬季排汗、排尿量減少，但大腦與身體各器官的細胞仍需要水分滋養，才能保證正常的新陳代謝。新鮮蔬菜減少，會造成維生素B缺乏而誘發口角炎。因此，冬季應多喝水，多吃水果和蔬菜。

中國很多地方都流傳著「冬吃蘿蔔夏吃薑，不勞醫生開藥方」的說法。蘿蔔具有很強的行氣功能，還能止咳化痰、除燥生津、清涼解毒。鄭板橋有一幅養生保健聯也提到過蘿蔔與茶：「青菜蘿蔔糙米飯，瓦壺天水菊花茶。」蘿蔔的養生、保健、藥用效應與茶有著相融之處。

氣候變化

冬至前後，雖然北半球日照時間最短，接收的太陽輻射量最少，但地面獲得的太陽輻射仍比地面輻射散失的熱量少，故這時氣溫還不是最低。從冬至這天開始，中國北方就進入了「數九寒天」。從前，人們將冬至後的81天分為9個階段，每個階段為9天，這就是民間說的「冬九九」。流傳於黃河流

域的「九九歌」生動地描述了從冬至日到來年春分日81天的氣候、物候變化以及農事活動相關規律：「一九二九不出手；三九四九冰上走；五九六九沿河看柳；七九河開，八八雁來；九九加一九，耕牛遍地走。」

民間有「冬至不過不冷」之說，天文學上也把「冬至」規定為北半球冬季的開始。冬至後，雖進入了「數九天氣」，但由於地域遼闊，各地氣候景觀差異較大。東北大地千里冰封，瓊裝玉琢；黃淮地區也常常是銀裝素裹；大江南北這時平均氣溫一般在5℃以上，冬作物仍繼續生長，菜麥青青，一派生機，正是「水國過冬至，風光春已生」；而華南沿海地區的平均氣溫則在10℃以上，更是花香鳥語，滿目春光。

冬至

山意沖寒欲放梅

小 至

〔唐〕杜甫

天時人事日相催，冬至陽生春又來。
刺繡五紋添弱線，吹葭六琯動浮灰。
岸容待臘將舒柳，山意沖寒欲放梅。
雲物不殊鄉國異，教兒且覆掌中杯。

冬至交節時間為12月21日或22日，此時太陽運行至黃經270度，直射南回歸線，陽光在北半球最傾斜。《月令七十二候集解》載：「終藏之氣，至此而極也。」《太平御覽》載：「冬至有三義，一者陽極之至，二者陽氣之至，三者日行南至，故謂冬至。」冬至日是北半球一年中黑夜最長、白晝最短的一天，因此又叫「日短至」。過了冬至以後，太陽直射點逐漸向北移動，北半球白天逐漸變長，所以有俗話說：「吃了冬至麵，一天長一線。」

農事活動

冬至前後是興修水利、做農田基本建設、積肥造肥的大好時機，同時要施好臘肥，做好防凍工作。江南地區更應加強冬作物的管理，做好清溝排水，培土壅根，對尚未犁翻的冬壤板結要抓緊耕翻，以疏鬆土壤，增強蓄水保水能力，並消滅越冬害蟲。已經開始春種的南部沿海地區，則需要認真做好水稻秧苗的防寒工作。

傳統習俗

‖ 冬除 ‖

冬至是二十四節氣中很受重視的一個大節，歷來有「冬至大如年」、「過小年」之說。冬至前一天和除夕類似，稱為「冬除」，冬至前夜飲酒謂之「分冬酒」，「節令分冬一醉休」，有些地區還有守「冬除」夜的風俗。唐宋時，以冬至和歲首，也就是春節、新年並重。

‖ 祭天 ‖

冬至日最重要的習俗是祭祀，包括祭天和祭祖。從周代起，冬至這天，民間和官府宮廷都要舉行盛大的祭祀等活動。《史記·封禪書》：「冬至日，禮天於南郊，迎長日之至。」魏晉六朝時，冬至稱為「亞歲」，民眾要向父母長輩拜節。宋朝以後，冬至逐漸成為祭祀祖先和神靈的節慶活動。《帝京歲時紀勝·冬至》載：「長至南郊大祀，次日百官進表朝賀，為國大典。」皇帝在這天要到郊外舉行祭天大典，百姓在這一天要向父母尊長祭拜。明、清兩代，皇帝均有祭天大典，謂之「冬至郊天」。宮內有百官向皇帝呈遞賀表的儀式，而且還要互相祝賀。

‖封禪、祭神鬼‖

《史記‧孝武本紀》載：「其後二歲，十一月甲子朔旦冬至，推曆者以本統。天子親至泰山，以十一月甲子朔旦冬至日祠上帝明堂，每修封禪。」由此可見冬至還和封禪有關係。除此之外，還有祭祀神鬼的說法。《周禮‧春官‧神仕》載：「以冬日至，致天神人鬼。」《乾淳歲時記》載：「冬至三日之內，店肆皆罷市，垂簾飲博，謂之做節。」這些活動都是為了祈求消除災疫，減少荒年。

‖祭祖‖

廣東潮汕民間冬至日祭拜祖先要前一天備好豬、雞、魚等三牲和果品，在當天早飯後上祠堂祭拜祖先，之後家人圍聚，共進午餐。潮汕地區漢族民諺云「冬節沒返沒祖宗」，意思是外出的人，到冬至這一天無論如何要趕回家敬拜祖宗，否則就是沒有祖家觀念。

沿海地區如饒平之海山一帶，則趕在漁民出海捕魚之前的清晨便進行祭祖，意在請神明和祖先保佑他們出海平安，捕獲豐饒。潮汕習俗，每年上墳掃墓有清明和冬至兩回，謂之「過春紙」和「過冬紙」。按理，人死後前三年只「過春紙」，三年後才可以「過冬紙」。但人們多喜歡行「過冬紙」，因為「清明時節雨紛紛」，道路經常是泥濘難行；而冬至時天氣一般很好。

‖賀冬‖

漢代以冬至為「冬節」，官府要舉行祝賀儀式稱為「賀冬」，官方例行放假，官場流行互賀的「拜冬」禮俗。《後漢書》載：「冬至前後，君子安身靜體，百官絕事，不聽政，擇吉辰而後省事。」這天朝廷上下要放假休息，軍隊待命，邊塞閉關，商旅停業，親朋各以美食相贈，相互拜訪，歡樂地過一個「安身靜體」的節日。宋代每逢此日，人們更換新衣，慶賀往來，一如年節。清代「至日為冬至朝，士大夫家拜賀尊長，又交相出謁。細民男女，亦必更鮮衣以相揖，謂之拜冬」。

‖ 消寒 ‖

冬至是進入「九九」的第一天，入九以後，有些文人、士大夫，有所謂的「消寒」活動。擇一「九」日，相約九人飲酒（「酒」與「九」諧音），席上用九碟九碗，成桌者用「花九件」席，以取九九消寒之意。

民間食俗

‖ 吃餛飩 ‖

過去老北京有「冬至餛飩夏至麵」的說法。相傳漢朝時，北方匈奴經常騷擾邊疆，百姓不得安寧。當時匈奴部落中有渾氏和屯氏兩個首領，十分兇殘。百姓對其恨之入骨，於是用肉餡包成角兒，取「渾」與「屯」之音，呼作「餛飩」。恨以食之，並求平息戰亂，能過上太平日子。因最初製成餛飩是在冬至這一天，故在冬至這天家家戶戶吃餛飩。

‖ 吃餃子 ‖

民間流傳著冬至吃餃子的習俗。每年農曆冬至這天，不論窮富，餃子都是不可少的節日飯。諺云：「十月一，冬至到，家家戶戶吃水餃。」

冬至吃餃子，有的地方稱是為了紀念「醫聖」張仲景。相傳東漢末年，河南南陽有個醫生叫作張仲景，醫術十分高明，被人們尊稱為醫聖。張仲景本在長沙做官，告老還鄉回老家的時候，正是趕上寒冬。

他走到白河岸邊，發現河面都凍成了冰。來往為生計奔忙的鄉親們，卻還衣著單薄，面黃肌瘦，特別是他們的耳朵都凍爛了。張仲景看了，心中很是不忍。回到家後，登門求醫的人接踵而至。門前車馬雜遝，全是富貴人家。張仲景終日忙碌，心中卻還記掛著那些凍傷耳朵的窮鄉親們。

到了冬至那天，他把家中的工作交給弟子們，自己到南陽東關的一塊空地上搭起醫棚，給窮人施捨湯藥，這藥就叫作「祛寒嬌耳湯」。做法是先把

羊肉、辣椒和一些祛寒的藥材放在鍋裡熬煮，煮熟後，將羊肉及藥材撈起切碎，用麵皮包成耳朵的樣子，即「嬌耳」，再下鍋煮熟。來乞藥的人們，每人都給一大碗湯，兩隻嬌耳。大家吃了覺得渾身溫暖，兩耳發熱。

張仲景一直舍藥到年三十，終於把鄉親們的耳朵全治好了。為了紀念他施藥治病的恩德，到了冬至這一天，人們都包嬌耳來吃。「嬌耳」又稱「餃兒」，也就是現在我們所吃的餃子。傳說吃了冬至餃子，包管耳朵不會凍傷。南陽至今仍有「冬至不端餃子碗，凍掉耳朵沒人管」的民謠。

‖ 吃糯米糰 ‖

中國南方在冬至吃糯米糰，並且要搓兩個又大又圓的黏在門環上。這個習俗，也有來歷：傳說很久以前的一年冬至，閩南城裡天寒地凍的大街上，一個乞丐的妻子生起病來，最終一病不起。

為了籌錢葬妻，老乞丐只得忍痛把女兒賣給人家作奴婢。一想到要離開相依為命的老父親，女兒傷心得暈了過去，老乞丐連忙討了一碗米湯，一口一口地把女兒灌醒。又討來了幾個糯米圓充饑，可是父女兩個互相推讓，不肯先吃。老乞丐就對女兒說：「今日離別，就像這糯米圓分成兩半，咱們團圓的時候再吃圓子好嗎？」說完，兩人含淚吃了圓子，就依依分別了。

自父女別後，又過了三年，老乞丐毫無音訊。每年到了冬至，女兒就更加思念父親。她想，也許父親現在仍窮困潦倒，不能見面，那該如何相認呢？她想了個辦法，對主人說：「今天是冬至，家家都吃圓子，那門神也該敬敬他。」主人同意了。她就搓了兩個又大又圓的糯米圓黏在門環上，她想，這樣一來，父親回來，看到門環上的冬節圓，一定不會找錯門。

誰知道，老乞丐還是沒有回來。第二年，女兒又把冬節圓黏在窗門、豬舍、牛舍、牛頭上，寄託對父親的思念。後來左鄰右舍看到後，就取其團圓、吉利的含義，也照樣去做。這個習俗就這樣傳遍了閩南、潮汕一帶。

‖ 吃赤豆糯米飯 ‖

在江南水鄉，有冬至之夜全家歡聚一堂共吃赤豆糯米飯的習俗。相傳，有一位叫共工氏的人，他的兒子不成才，作惡多端，死於冬至這一天，死後變成疫鬼，繼續殘害百姓。但是，這個疫鬼最怕赤豆，於是，人們就在冬至這一天煮吃赤豆飯，用以驅避疫鬼，防災祛病。

飲食養生

冬至時節，各地的食俗不同，品嘗各地的美食，不僅能滋補身體，還能有一個好的心情。

‖ 江浙麻糍 ‖

麻糍，是浙江、江西的特產，也是閩南著名小吃，其中以南安英都所產最為有名。其原料為上好糯米、豬油、芝麻、花生仁、冰糖等。麻糍色澤鮮白，香甜可口，滑膩微涼，食後耐餓。

‖ 合肥冬至麵 ‖

「吃了冬至麵，一天長一線。」在安徽合肥，冬至吃麵的風俗與節氣、氣候、農事有關。冬至過後即是數九寒天，每隔九天數作一九。在滴水成冰的嚴冬，吃一碗熱騰騰的雞蛋掛麵，才算是過了一個冬至。

‖ 浙江嘉興桂圓燒蛋 ‖

嘉興重冬至，保留古風。據《嘉興府志》記載：「冬至祀先，冠蓋相賀，如元旦儀。」民間崇尚冬至進補，有赤豆糯米飯、人參湯，白木耳、核桃仁燉酒及桂圓煮雞蛋等。老人們說一年中冬至夜晚最長，不吃桂圓燒蛋的話會凍一晚上，半夜還要害肚疼。

▌寧波番薯湯果▐

「番」和「翻」同音，在寧波人的理解中，冬至吃番薯，就是將過去一年的霉運全部「翻」過去。湯果，跟湯糰類似，但個頭要小得多，而且裡面沒有餡。湯果也被叫作圓子，取其「團圓」、「圓滿」之意。老寧波也有「吃了湯果大一歲」的說法。寧波人在做番薯湯果時，習慣加酒釀。在寧波話中，酒釀也叫「漿板」，「漿」又跟寧波話「漲」同音，取其「財運高漲」、「福氣高漲」的彩頭。

▌臺灣糯糕▐

在臺灣還保存著冬至用九層糕祭祖的傳統，用糯米粉捏成雞、鴨、龜、豬、牛、羊等象徵吉祥中意福祿壽的動物，然後用蒸籠分層蒸成，用以祭祖。同姓同宗者於冬至或前後約定之早日，聚集到祖祠中，按長幼之序，一一祭拜祖先。祭典之後，還會大擺宴席，招待前來祭祖的宗親們。大家開懷暢飲，相互聯絡久別生疏的感情，稱之為「食祖」。

▌台州擂圓▐

吃「冬至圓」即擂圓，又叫硬擂圓、翻糙圓，是台州的老傳統，擂圓取圓潤、團圓之意。與平日裡所吃的湯圓相比，擂圓的內容形式更加豐富，也更有意味。擂圓用糯米粉做的，先把糯米粉和溫水揉成麵糰，再摘成醋碟大小的圓子揉圓，煮熟後放在豆黃粉裡滾拌，因為這個過程在方言裡叫「擂」，所以把冬至圓叫作「擂圓」。

豆黃粉是將黃豆炒熟後磨成粉再拌入紅糖，味道香甜濃郁，配上糯米圓的細膩糯軟，令人食慾大增。夾一個黏滿豆黃粉的擂圓，趁熱咬上一口，香噴噴、甜滋滋、暖烘烘、軟綿綿，一股幸福的滋味油然而生。除了經典的甜圓，也有很多家裡喜歡鹹的冬至圓，鹹圓就是在糯米糰裡放餡，包類似豬肉、豆腐乾、冬筍、香菇、紅蘿蔔、白蘿蔔等細丁，可蒸可煮，鮮香多汁，別有一番滋味。

‖ 蘇州桂花酒 ‖

蘇州人要在冬至夜喝桂花冬釀酒。冬釀酒是一種加入桂花釀造而成的米酒，香氣宜人。喝冬釀酒的同時，還配以滷牛肉、滷羊肉等各式滷菜。在寒冷的冬夜，喝冬釀酒不僅有驅寒之用，更寄託了姑蘇人對美好生活的祈願。

小寒

未報春消息，
早瘦梅先發，
淺苞纖蕊

寒　夜

〔宋〕杜小山

寒夜客來茶當酒，竹爐湯沸火初紅。
尋常一樣窗前月，才有梅花便不同。

　　當太陽達黃經285度時，小寒節氣開始，交節時間在1月5日或6日。寒即寒冷，小寒表示寒冷的程度。《月令七十二候集解》解釋說：「小寒，十二月節。月初寒尚小，故云，月半則大矣。」小寒之後，氣候開始進入一年中最寒冷的時段，冷氣積久而寒。此時，天氣寒冷，大冷還未到達極點，所以稱為小寒。

氣候變化

從字面上看，小寒還沒有達到最冷的程度，大寒應該是最冷，但是大部分地區，最冷的時候卻是小寒。當然，因為地域不同、年份不同，並不能一概而論。俗語講「冷在三九」，就在小寒之內，因此有「小寒勝大寒」、「小寒、大寒凍作一團」等諺語，都是形容這一節氣的寒冷。小寒時節大部分地區都刮西北風，經常受西伯利亞寒流的影響，因而氣溫波動幅度較大。

小寒時節，中國南方地區冬暖顯著，隆冬一月，霜雪交侵，常有冰凍，最低氣溫在零下10℃左右。而華南北部最低氣溫卻很少低於零下5℃，華南南部0℃以下的低溫更不多見。中國隆冬最冷的地區是黑龍江北部，最低氣溫可達零下40℃左右，天寒地凍，滴水成冰。低海拔河谷地帶，則是南方大部分地區隆冬最暖的地方，1月平均氣溫在12℃左右，只有很少年份可能出現0℃以下的低溫。

農事活動

‖ 防凍、追肥 ‖

小寒時節，除南方地區要注意給小麥、油菜等作物追施冬肥，海南和華南大部分地區則主要是做好防寒防凍、積肥造肥和興修水利等工作。在冬前澆好水、施足冬肥、培土壅根的基礎上，寒冬季節採用人工覆蓋法也是防禦農林作物凍害的重要措施。

當寒潮成強冷空氣到來之時，潑澆稀糞水，撒施草木灰，可有效地減輕低溫對油菜的危害。露地栽培的蔬菜地可用作物秸稈、稻草等稀疏地撒在菜畦上作為冬季長期覆蓋物，既不影響光照，又可減小菜株間的風速，阻擋地面熱量散失，起到保溫防凍的效果。遇到低溫來臨再加厚覆蓋物作臨時性覆蓋，低溫過後再及時揭去。

‖ 果樹管理 ‖

小寒時節正是果木受凍害最嚴重的時刻，所以應做好防寒工作。

楊梅樹的管理：小寒時節要及時清除枝葉上的積雪，以免損傷或壓斷枝條。及時剪去病蟲害枝條、枯枝、衰弱枝、清掃落葉，如有必要須燒毀，這樣可以消滅越冬病蟲。做好開園種植準備工作，提前挖好定植坑，施足肥料。

柑橘樹的管理：要做好清園工作，剪掉病蟲害枝，噴45%晶體石硫合劑殺滅越冬病蟲。對果樹進行整體修剪，幼年樹以整形為主，成年果樹以修剪為主。做好果樹根部的培土工作，在樹幹上塗白，這樣可以防凍，及時灌水，還要做好灌排溝渠。

梨樹的管理：幼樹培養好三大主枝，做好拉枝作業。成年果樹要達到均勻結果，適當疏除多餘花芽。加強病蟲害防治工作，及時刮除輪紋病，用402抗菌劑50倍配製消毒傷口。

葡萄的管理：剪掉落葉枝條。做好葡萄搭架工作，籬架離地至少要0.6米左右，全部剪除副梢。防治病蟲的工作是：剪除各種有病蟲的枝條，消除殘枝，刮除老樹皮，集中燒毀。

桃樹的管理：果園要修剪，選留接穗。清除枯枝落葉並燒毀。繼續培肥管理，深翻改土。新果園的土地一定要平整，定點種植。還要做好苗木調運工作。

傳統習俗

‖ 喝臘八粥 ‖

小寒節氣正值農曆臘月（十二月），臘月初八又被稱為「臘八」。臘八多在小寒與大寒之間，過了臘八，就意味著快要過大年了。不少地方流行臘八喝「臘八粥」的風俗，其源起於印度的佛教傳說。佛教創始人釋迦牟尼，本是古印度北部迦毗羅衛國淨飯王之子，見眾生受生老病死等痛苦折磨，便捨棄

王位，出家修道。後經六年苦行，於臘月初八日，在菩提樹下悟道成佛。六年苦行，釋迦牟尼無暇顧及個人衣食，每天只吃一些麻麥充饑。成佛時，衣衫襤褸、瘦骨嶙峋，容貌好似枯木。後人不忘他所受的苦難，便於每年臘月初八吃粥以示紀念。這個風俗後來也傳到中國民間，並一直延續至今。

‖ 祭祖先、祭百神 ‖

臘八節也成為年終的祭祀性節日，古人有祭祀祖先、合祀眾神、祈求豐收吉祥的傳統。《禮記·郊特牲》記載：「伊耆氏始為蠟。蠟也者，索也，歲十二月，合聚萬物而索饗之也。」《史記·補三皇本紀》載：「炎帝神農氏以其初為田事，故為蠟祭，以報天地。」臘八節祭祀不僅表達了對祖先的崇敬與懷念，而且兼祭百神，酬謝他們一年之中為農業所做出的種種功勞。

‖ 放年學 ‖

古時，每在臘月臨近春節時，學館私塾等放假過年，稱為放年學。《燕京歲時記》中載：「兒童之讀書者，於封印之後塾師解館，謂之放年學。」不但民間有此習俗，皇室也是一樣。清時有記載：「每至十二月，於十九、二十、二十一、二十二四日之內，由欽天監選擇吉期，照例封印，頒示天下，一體遵行。」此時朝廷放假，莘莘學子也借此有玩鬧的時間。皇家開學的時間是正月初六，民間是過了正月十五。大約皇家放年假兩周，民間放年假四周。

‖ 探梅、訪梅 ‖

小寒節氣探梅、訪梅是一件雅事。此時臘梅已開，紅梅含苞待放，挑選有梅花的絕佳風景地，細細賞玩，鼻中有孤雅幽香，神智也會為之清爽振奮。

‖ 冰戲 ‖

中國北方各省，入冬之後天寒地凍，冰期十分長久，動輒從十一月起，直到次年四月。春冬之間，河面結冰厚實，冰上行走皆用扒犁。扒犁或由馬

拉，或由狗牽，或由乘坐的人手持木杆如撐船般劃動，推動前行。冰面特厚的地區，大多設有冰床，供行人玩耍，也有穿冰鞋在冰面上競走的，古代稱為冰戲。

《宋史》載：「故事齋宿，幸後苑，作冰戲。」《欽定日下舊聞考》中記載有：「西華門之西為西苑，榜曰西苑門，入門為太液池，冬月則陳冰嬉，習勞行賞。」《倚晴閣雜抄》中關於北平舊時風俗，寫有：「明時，積水潭嘗有好事者，聯十餘床，攜都籃酒具，鋪截銳其上，轟飲冰凌中，亦足樂也。」

民間食俗

‖ 吃臘八粥 ‖

臘八粥的食材有很多，據《燕京歲時記·臘八粥》記載：「臘八粥者，用黃米、白米、江米、小米、菱角米、栗子、紅豆、去皮棗泥等，和水煮熟，外用染紅桃仁、杏仁、瓜子、花生、榛穰、松子及白糖、紅糖、瑣瑣葡萄，以作點染。」同是臘八粥，因地區不同，南北有異。北方的臘八粥有黃米、紅米、白米、小米、菱角米、栗子、紅豆、棗泥，也有的地方另加桃仁、杏仁、瓜子、花生、松子、葡萄乾以點綴。南方的臘八粥，則加入了蓮子和桂圓。

‖ 吃黃芽菜 ‖

據《津門雜記》記載，舊時天津地區有小寒吃黃芽菜的習俗。黃芽菜是天津特產，它是用白菜芽製作而成。冬至後將白菜割去莖葉，只留菜心，離地6釐米左右，以糞肥覆蓋，勿透氣，半月後取食，脆嫩無比。那時候條件有限，所以人們會想出一些方法來彌補冬日蔬菜的匱乏。如今，人們生活水準提高了，各種蔬菜肉食，四季都有，不再像過去那樣要為冬日蔬菜的稀缺

而擔憂。

‖ 吃南京菜飯 ‖

到了小寒，老南京人一般會煮菜飯吃，菜飯的內容並不相同，有用矮腳黃青菜與鹹肉片、香腸片或板鴨丁，再剁上一些生薑粒與糯米一起煮，十分香鮮可口。其中矮腳黃、香腸、板鴨都是南京的著名特產，可謂是真正的「南京菜飯」，甚至可與臘八粥相媲美。

飲食養生

寒為冬季的主氣，小寒又是一年中最冷的季節。寒為陰邪，易傷人體陽氣，寒主收引凝滯。所以，雖然小寒養生要在「春夏養陽，秋冬養陰」的基礎上，斂藏精氣、固本扶元，以「防寒補腎」為主。冬日萬物斂藏，養生就該順應自然界收藏之勢，收藏陰精，使精氣內聚，以潤五臟。冬季時節，腎的機能強健，則可調節機體適應嚴冬的變化。

‖ 多食溫熱食物 ‖

中醫認為寒為陰邪，最寒冷的節氣也是陰邪最盛的時期，從飲食養生的角度講，要特別注意在日常飲食中多食用一些溫熱食物以補益身體，防禦寒冷氣候對人體的侵襲。日常食物中屬於熱性的食物主要有鱒魚、辣椒、肉桂、花椒等；屬於溫性的食物有糯米、高粱米、刀豆、韭菜、茴香、香菜、薺菜、蘆筍、芥菜、南瓜、生薑、蔥、大蒜、杏子、桃子、大棗、桂圓、荔枝、木瓜、櫻桃、石榴、栗子、核桃仁、杏仁、羊肉、雞肉、羊乳、鵝蛋、鱔魚、鰱魚、蝦、海參、酒等。

‖ 減甘增苦 ‖

小寒因處隆冬，土氣旺，腎氣弱，因此飲食方面宜減甘增苦，補心助肺，調理腎臟。所謂「三九補一冬」，但小寒時切記不可大補。在飲食上可

多吃羊肉、牛肉、芝麻、核桃、杏仁、瓜子、花生、棒子、松子、葡萄乾等，也可結合藥膳進行調補。進補時應注意不要過食肥甘厚味、辛辣之品。

‖ 涮羊肉 ‖

小寒時節各地有涮羊肉火鍋、吃糖炒栗子、烤白薯等食俗。俗語說：「三九補一冬，來年無病痛。」此時吃羊肉、狗肉這類暖性食物是再好不過了。其中又以羊肉湯最為常見，有的餐館還推出當歸生薑羊肉湯，一些傳統的冬令羊肉菜肴重現餐桌。

大寒

大寒出江陵西門

〔宋〕陸遊

平明羸馬出西門，淡日寒雲久吐吞。

醉面衝風驚易醒，重裘藏手取微溫。

紛紛狐兔投深莽，點點牛羊散遠村。

不為山川多感慨，歲窮遊子自消魂。

大寒是理論上一年中最寒冷的節氣，此時太陽到達黃經300度，交節時間為1月20日或21日。《三禮義宗》載：「大寒為中者，上形於小寒，故謂之大。自十一月一陽爻初起，至此始徹，陰氣出地方盡，寒氣並在上，寒氣之逆極，故謂大寒也。」

氣候變化

大寒節氣，大氣環流比較穩定，環流調整週期為20天左右。此種環流調整時，常出現大範圍雨雪天氣和大風降溫。當東經80度以西為長波脊，東亞為沿海大槽，中國受西北風氣流控制及不斷補充的冷空氣影響便會出現持續低溫。同小寒一樣，大寒也是表示天氣寒冷程度的節氣。近代氣象觀測記錄雖然表明，在部分地區，大寒不如小寒冷，但是在某些年份和沿海少數地方，全年最低氣溫仍然會出現在大寒節氣內。這時寒潮南下頻繁，是大部分地區一年中的最冷時期，風大，低溫，地面積雪不化，呈現出冰天雪地、天寒地凍的嚴寒景象。

小寒、大寒是一年中雨水最少的時段。常年大寒節氣，中國南方大部分地區雨量僅較前期略有增加，華南大部分地區為5至10毫米，西北高原山地一般只有1至5毫米。華南地區冬乾，越冬作物這段時間耗水量較小，農田水分供求矛盾一般並不突出。不過「苦寒勿怨天雨雪，雪來遭到明年麥」。在雨雪稀少的情況下，不同地區按照不同的耕作習慣和條件，適時澆灌，對小春作物生長無疑是大有好處的。

農事活動

大寒節氣裡，各地農活依舊很少。北方地區多忙於積肥堆肥，為開春做準備。南方地區則仍加強小麥及其他作物的田間管理。此時天氣十分乾燥，對於某些作物來說，在一定生長期內需要有適當的低溫。冬性較強的小麥、油菜，通過春化階段就要求較低的溫度，否則不能正常生長發育。

南方大部分地區常年冬暖，過早播種的小麥、油菜，往往長勢太旺，提前拔節、抽薹，抗寒能力大大減弱，容易遭受低溫霜凍的危害。可見，因地制宜選擇作物品種，適時播栽，並採取有效的促進和控制措施，是奪取高產

的重要因素。

‖ 傳統習俗 ‖

在大寒至立春這段時間，有很多重要的民俗和節慶，如尾牙祭、祭灶、小年和除夕等，有時甚至連最大的節慶——春節也處於這一節氣中。

‖ 尾牙祭 ‖

尾牙源自於拜土地公做「牙」的習俗。所謂二月二為頭牙，以後每逢初二和十六都要做「牙」，到了農曆十二月十六日正好是尾牙。一般情況下，尾牙祭祀多在十二月十六日的下午四五點開始祭拜。

尾牙祭拜土地公時，供桌會設在土地公神位前。在門口或後門處也會設供桌，以祭拜地基主。祭祀的供品有牲禮（雞、魚、豬三牲）、四果（四種水果，其中柑橘、蘋果是一定要有的），還有「春捲」，即潤餅，裡面捲有豆芽菜、紅蘿蔔、筍絲、肉絲、香菜，外面裹有花生粉，吃起來美味可口。

這一天買賣人要設宴，白斬雞為宴席上不可缺的一道菜。據說雞頭朝誰，就表示老闆第二年要解雇誰。因此有些老闆一般將雞頭朝向自己，以使員工們能放心地享用佳餚，回家也能過個安穩年。作尾牙算是感謝土地公對信眾的農作收成與事業生意順利的庇佑，所以會比平常的作牙更加隆重。

‖ 祭灶節 ‖

農曆臘月二十三日為祭灶節，民間又稱「交年」、「小年」。舊時，每家每戶灶臺上都設有「灶王爺」神位。傳說灶神是玉皇大帝派到每個家庭中監察人們平時善惡的神，人們稱之為「司命菩薩」或「灶君司命」，被視為一家的保護神而受到崇拜。每年歲末，灶王爺都要回到天宮中向玉皇大帝奏報這家人一年的善惡，玉皇大帝再將這一家在新的一年中應得到吉凶禍福的命運交於灶王爺的手上。

送灶神的儀式稱為「送灶」或「辭灶」。人們「送灶」時，會在灶王爺像前的桌案上供放糖果、清水、料豆、秣草，其中，後三樣是為灶王爺升天

的坐騎備料。祭灶時，還要把關東糖用火熔化開，塗在灶王爺的嘴上，這樣他就不能在玉帝那裡講壞話了。

祭灶當日，人們不能亂說話，不能言是非，尤其是灶神朝天言事之夜。忌將菜刀刀對著灶君位，否則會被灶神怪罪而受到懲罰。出嫁女忌在娘家過小年，要在節前趕回婆家。在山西孝義，小年這天不動磨，婦女不用針；祭灶日當夜俗稱「老鼠嫁女」，人們要早早睡下，若夜晚看到老鼠則預示來年多鼠害。

‖ 除夕 ‖

臘月三十為除夕。春節是一年之始，而除夕是一年之終。人民歷來重視「有始有終」，所以除夕與第二天的春節這兩天，便成為中華文化最重要的節慶。除夕這一天人們要把家裡家外打掃得乾乾淨淨，還要貼門神、貼春聯、貼年畫，而且每個人都穿上新衣服。

中國各地在臘月三十這天的下午，都有祭祖的風俗，稱為「辭年」。除夕祭祖是民間大祭，有宗祠的人家都要開祠，在祖宗牌位前供奉著各種祭品，並且點上大紅色的蠟燭，然後全家人按長幼順序拈香向祖宗祭拜。

‖ 掃塵 ‖

過了小年春節就近了。這一天人們會徹底打掃室內，這叫掃塵。掃塵是為了除舊迎新，掃去不祥。掃塵主要是把家裡徹底清潔，家家戶戶會變得煥然一新，這時候新貼的春聯鮮豔奪目，襯托出節日景象。

‖ 剪窗花 ‖

在準備春節的事宜中剪窗花最為重要。人們會在春節到來之前剪出各種各樣的窗花，為節日增添一些喜氣。窗花的內容一般都是動物、植物，如喜鵲登梅、燕穿桃柳、獅子滾繡球等。

‖ 寫春聯 ‖

民間講究春節時門必貼春聯，物必貼春聯。春聯也十分講究，一般都要寫敬仰和祈福的話。最常見的對聯是：「天恩深似海，地德重如山。」土地神聯：「土中生白玉，地內出黃金。」財神聯：「天上財源主，人間福祿神。」春聯的種類繁多，但每家屋裡都會貼「抬頭見喜」，大門對面都會貼「出門見喜」。大門上的對聯人們很重視，內容非常豐富，而且妙語連珠。

‖ 吃糯米飯 ‖

由於大寒時節天氣比較寒冷，身體缺少熱量，抵抗能力下降，而糯米因為它的熱量比較高，正好可以彌補這個缺點，抵禦嚴寒。廣東佛山民間有大寒節瓦鍋蒸煮糯米飯的習俗，糯米味甘，性溫，比普通大米含糖分高，食之具有禦寒滋補功效。

飲食養生

古有「大寒大寒，防風禦寒，早喝人參、黃芪酒，晚服杞菊地黃丸」的說法，說明了人們對身體調養的重視。大寒時節仍然是冬令進補的好時機，重點應放在固護脾腎、調養肝血上，進補的方法有兩種。

一是藥補，此時可喝中藥調理。藥補要結合自己的體質和病狀選擇服用，如體質虛弱、氣虛之人可服人參湯；陰虛者可服六味地黃丸等。能飲酒的人也可以結合藥酒進補，常見的有十全大補酒、枸杞酒、蟲草補酒等。

二是食補，俗話說「藥補不如食補」，所以應以食補為主。偏於陽虛的人食補以溫熱食物為宜，如羊肉、雞肉等；偏於陰虛者以滋陰食物為宜，如鴨肉、鵝肉、鱉、龜、木耳等。

以下列舉一些飲食良方。

‖ 雞湯 ‖

大寒時節，在江蘇一帶民間有「一九一隻雞」的傳統食俗。雖然大寒節氣已是農曆四九前後，但南京人依然要喝雞湯。做雞必須用老母雞，或單燉，或添加參須、枸杞子、黑木耳等同燉。雞湯美味滋補，很適宜在寒冬時享用。

‖ 菜頭、蹄膀 ‖

醃菜頭、燉蹄膀，這是南京人獨有的吃法。小雪時醃的青菜此時已是鮮香可口；蹄膀有骨有肉，有肥有瘦，肥而不膩，營養豐富。醃菜與蹄膀可謂葷素搭配，肉顯其香，菜顯其鮮，符合科學飲食要求。

‖ 羹 ‖

臘月時，老南京人還喜歡做羹食用。北方的羹偏於黏稠厚重，南方的羹偏於清淡精緻，而南京的羹則取南北風味之長，既不過於黏稠或清淡，又不過於鹹鮮或甜淡。南京人冬日喜歡食羹的一個原因是取材簡單，可繁可簡，可貴可賤，肉糜、豆腐、山藥、木耳、山芋、榨菜等，都可以做成一盆熱騰騰的羹，配點香菜，撒點白胡椒粉，吃得全身熱氣騰騰。

‖ 藕 ‖

大寒節氣期間正值冬藕上市的時候，一碗熱騰騰、香噴噴的老藕排骨湯，是寒冬季節最溫暖的一道家常菜式，備受男女老少的青睞。「荷蓮一身寶，冬藕最補人。」藕是最好的養陰佳品之一，非常適合冬季食用。

‖ 臘米 ‖

天津人會在臘月最寒冷時蒸臘米。所謂蒸臘米，就是在大寒時節，家家戶戶會拿出一些上等好米洗淨蒸透，之後鋪攤在蘆席上，等冷透後曬乾，裝進乾淨的瓷缸內儲存，即使放上幾十年也不會變質。夏天吃這種米可以免瀉痢；老年人或體弱多病者，用蒸臘米煮食，對脾胃有益。

二十四節氣的生活智慧
順應天時的天氣美學

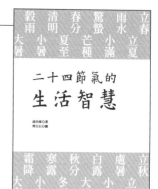

作　者	邱丙軍
發行人	林敬彬
主　編	楊安瑜
編　輯	林子揚、李睿薇
內頁編排	李建國
封面設計	林子揚
編輯協力	陳于雯、高家宏
出　版	大旗出版社
發　行	大都會文化事業有限公司
	11051 台北市信義區基隆路一段 432 號 4 樓之 9
	讀者服務專線：（02）27235216
	讀者服務傳真：（02）27235220
	電子郵件信箱：metro@ms21.hinet.net
	網　　址：www.metrobook.com.tw
郵政劃撥	14050529 大都會文化事業有限公司
出版日期	2020 年 01 月初版一刷 · 2021 年 12 月初版三刷
定　價	380 元
ISBN	978-986-97821-9-7
書　號	B200101

◎本書由化學工業出版社授權繁體字版之出版發行。

◎本書如有缺頁、破損、裝訂錯誤，請寄回本公司更換。

國家圖書館出版品預行編目 (CIP) 資料

二十四節氣的生活智慧 / 邱丙軍主編 .-- 初版 .--
臺北市：大旗出版，大都會文化，2020.01
240 面；17 × 23 公分

ISBN 978-986-97821-9-7（平裝）
1. 節氣 2. 傳統文化 3. 藝術

327.12　　　　　　　　　　108018169

大都會文化　讀者服務卡

書名：二十四節氣的生活智慧

謝謝您選擇了這本書！期待您的支持與建議，讓我們能有更多聯繫與互動的機會。

A. 您在何時購得本書：_____年_____月_____日

B. 您在何處購得本書：_____書店，位於_____(市、縣)

C. 您從哪裡得知本書的消息：

　1.□書店　2.□報章雜誌　3.□電台活動　4.□網路資訊

　5.□書籤宣傳品等　6.□親友介紹　7.□書評　8.□其他

D. 您購買本書的動機：（可複選）

　1.□對主題或內容感興趣　2.□工作需要　3.□生活需要

　4.□自我進修　5.□內容為流行熱門話題　6.□其他

E. 您最喜歡本書的：（可複選）

　1.□內容題材　2.□字體大小　3.□翻譯文筆　4.□封面　5.□編排方式　6.□其他

F. 您認為本書的封面：1.□非常出色　2.□普通　3.□毫不起眼　4.□其他

G. 您認為本書的編排：1.□非常出色　2.□普通　3.□毫不起眼　4.□其他

H. 您通常以哪些方式購書:(可複選)

　1.□逛書店　2.□書展　3.□劃撥郵購　4.□團體訂購　5.□網路購書　6.□其他

I. 您希望我們出版哪類書籍：（可複選）

　1.□旅遊　2.□流行文化　3.□生活休閒　4.□美容保養　5.□散文小品

　6.□科學新知　7.□藝術音樂　8.□致富理財　9.□工商企管　10.□科幻推理

　11.□史地類　12.□勵志傳記　13.□電影小說　14.□語言學習（____語）

　15.□幽默諧趣　16.□其他

J. 您對本書（系）的建議：

_____

K. 您對本出版社的建議：

_____

讀者小檔案

姓名：_____　性別：□男　□女　生日：____年____月____日

年齡：□20歲以下 □21～30歲 □31～40歲 □41～50歲 □51歲以上

職業：1.□學生 2.□軍公教 3.□大眾傳播 4.□服務業 5.□金融業 6.□製造業

　　　7.□資訊業 8.□自由業 9.□家管 10.□退休 11.□其他

學歷：□國小或以下 □國中 □高中／高職 □大學／大專 □研究所以上

通訊地址：_____

電話：（H）_____（O）_____傳真：_____

行動電話：_____　E-Mail：_____

◎謝謝您購買本書，歡迎您上大都會文化網站（www.metrobook.com.tw）登錄會員，或
　至Facebook（www.facebook.com/metrobook2）為我們按個讚，您將不定期收到最新
　的圖書訊息與電子報。

二十四節氣的
生活智慧

邱丙軍◎著
齊白石◎繪

北　區　郵　政　管　理　局
登記證北台字第9125號
免　貼　郵　票

大都會文化事業有限公司

讀　者　服　務　部　　　收

11051台北市基隆路一段432號4樓之9

寄回這張服務卡〔免貼郵票〕

您可以：

◎不定期收到最新出版訊息

◎參加各項優惠活動